夏宜平 · 主编　　张璐　苏扬 · 副主编

园林花境
景观设计

Flower Border,
Planting and Design

（第二版）

U0231466

化学工业出版社

· 北京·

内容提要

园林花境是近年来国内新兴并迅速发展的植物造景形式，对于丰富园林绿化的植物多样性和景观多样性，对于美丽中国语境下的人居环境品质提升，均具有重要意义。

本书较系统地阐述了花境的概念与分类、历史渊源、植物选择和花境设计的原则。创立实用性的花境植物分类体系，以骨架植物、主调植物、填充植物形式介绍了花境植物达228种（含品种），其中重点推荐120种。从花境景观设计的实用性和参考性出发，选取英国花境、公园花境、道路花境和庭院花境的国内外典型案例共25个，分析其设计理念和配置手法。

本书适合花境与花园设计师、园林绿化工作者、大专院校学生及园林爱好者阅读。

图书在版编目（CIP）数据

园林花境景观设计/夏宜平主编. —2版. —北京：
化学工业出版社，2020.7（2024.7重印）
ISBN 978-7-122-36903-1

Ⅰ.①园… Ⅱ.①夏… Ⅲ.①园林植物–景观
设计 Ⅳ.①TU986.2

中国版本图书馆CIP数据核字（2020）第081502号

责任编辑：李 丽　　　　　　　　　　加工编辑：孙高洁
责任校对：杜杏然　　　　　　　　　　装帧设计：关 飞

出版发行：化学工业出版社（北京市东城区青年湖南街13号　邮政编码100011）
印　　装：北京缤索印刷有限公司
787mm×1092mm　1/16　印张18　字数442千字　2024年7月北京第2版第5次印刷

购书咨询：010-64518888　　　　　　　　售后服务：010-64518899
网　　址：http://www.cip.com.cn

定　　价：198.00元

《园林花境景观设计》编写人员

主　　编　　夏宜平

副 主 编　　张　璐　　苏　扬

编写人员　　夏宜平　　张　璐　　苏　扬

　　　　　　刘　莉　　楼媛媛　　胡　鹰

　　　　　　袁慧红　　张美萍　　刘坤良

　　　　　　吴芝音　　孙学怀　　李丹青

序　言

　　浙江大学园林研究所所长夏宜平教授主编的《园林花境景观设计》一书在2009年出版后，受到业界的欢迎和一致好评，很快销售一空。为了满足读者的需要，夏宜平教授又在多年花境理论研究、设计及营造实操的基础上，重新梳理了国内外花境历史和理论，分析了我国在花境营建方面的特点，按实际应用对花境植物进行了分类和介绍，对原来花境应用案例进行了大幅删减，增加了国内外优秀案例，重点对公园花境、道路花境和庭院花境实例进行了论述，即将再行出版。作为花卉的同行，能在第一时间拜读夏宜平教授发来的电子版再版书稿感到尤为高兴，并能再次受邀为本书作序感到非常荣幸。

　　花境是一种自然式的植物景观营造方式，起源于欧洲。利用不同种类的植物材料，模仿自然植被与群落的生境及构图，采用人工有序的空间设计，使花境在景观营造中有源于自然，高于自然的视觉效果。花境的应用可以使生硬的景观变得活泼，使植物更加富有生气，使意境得到更长的延伸，这正是花境在欧洲应用百年不衰的原因。花境还可以使观赏时间更加持久，使营建成本和管理成本更加低廉。2010年在荷兰芬洛主办的世界园艺博览会中花境的设计和应用就是世界级高水平花境的范例，整个世界园艺博览园在花卉应用方面，没有花坛、花带或花田等景观，主要应用的是花境，不同种类、不同形态、不同色彩的植物极其自然地生长在一起，景观随着季节变化而变化，从春到秋持续半年多时间。与大量应用花坛、花带、花田的景观相比，花境节约了成本，延长了观赏期。

　　中国是世界自然山水园林形成与发展的起源地，自古以来，中国的园林以自然为模板进行设计与营造，形成了东方园林的特色。但中国应用花境历史较短，在中国的传统园林中一直未有花境的概念和花境模式及营建的论述。花境作为植物应用的一种方式，在设计和应用时仍需提升和改进。新出版的《园林花境景观设计》在第一版的基础上对花境内容进行了调整与修改，对花境的内涵与应用进行了全面论述，是集学术性、艺术性、实用性于一体的专著，主要特点可以概括为以下三个方面：

　　第一，新版专著在体系上更加全面，在结构上更加合理。与第一版相比，本书整体风格上保留了总论、各论和案例三大部分，但在每个部分都有不同的增删和完善。总论包含了花境的概念与分类、花境的历史、花境植物材料选择、花境色彩设计、花境立面设计与季相设计五个方面，系统论述了花境的概念、分类、起源、国内外花境发展的历史、中国花境营造兴起的背景、花境发展趋势，以及植物材料的选择、设计的原则与

要点、花境的营造等，内容全面且理论凝练。在各论中创造性地提出了骨架、主调、填充植物三大分类新方式，使读者和花卉设计工作者对花境植物应用有更加直观的认识。这也是我国目前对花境论述最为全面的专著之一。作者多次考察欧洲园林并在国内大型花卉博览会和世界园艺博览会担任评审专家，对花卉应用以及花境起源做了大量研究，在比较英国中国园林风格后，认为花境始于19世纪初期的英国庭院，其设计理念和手法受中国古典山水园林影响。这种观点有作者独特的见解，也是有其事实依据的。近些年来，我国花境景观营造受到普遍重视，但不少为"花坛式花境""花带式花境"或"丛植式花境"等，植物过于整齐化、规则化、人工化。作者在对花境形成与发展的论述中，强调花境的自然式设计不仅是对花境这种景观营造形式本质的理解，对园林设计中贯穿人与自然和谐理念也有一定的指导意义。

第二，再版的花境植物种类增多，介绍全面，与时俱进，实用性更强。新版比原版新增植物62种，共达到228种，其中重点推荐120种；案例部分则根据国内外发展水平和实际应用效果，进行了大幅删减，更新内容达到三分之二。在新版书中，作者对常用的228种花境植物进行了全面的介绍，不仅从植物的学名、别名、科属、株高、花期、花色等进行了描述，还对其原产与分布地区、栽培养护要点、生态习性、应用技术进行了全面的论述。每种植物都配有多张彩色图片，使读者能直观地感受到该植物的质地和应用效果。尤为可贵的是作者在花境应用中对每一种植物的可替代种进行了介绍，这对花境设计工作者根据不同地区现有植物进行设计有较高的适用价值。

第三，本书保持了服务花境工作者的理念，内容丰富全面，花境设计和营建实操性更强。该书总结了不同类型的花境设计，包括城市公园、道路、庭院、居住区、林缘、草坪、滨水等。同时包含有不同花境案例展示与论述，如庭院花境、四季花境、混合花境、小品花境、夏日花境、岩石花境、墙垣花境、私密花境等。该书在对不同类型花境设计的介绍中，不仅有设计图，还有植物种类的分析图；不仅有平面图，还有立面的效果图和花境最佳的实景图。在再版中还着重介绍了英国5个花园花境的特色和设计，对提升我国花境设计与建造水平有重要的参考和借鉴作用。夏宜平教授及其团队通过大量的国内外实地调查，长年观察花境实际景观效果，总结了不同类型花境的设计模式；同时，结合部分园林设计项目，参与了杭州等地的公园景点、街头绿地和校园绿化的花境设计，使花境设计更具有实用性和参考价值。本书也是目前我国对于花境论述较为全面、花境设计指导性很强的一本专著。

在中国花境设计与营建方面，这里我仍想强调两个方面，一是花境的地方特色和文化特色培育的问题。植物是形成花境特色和文化特色的核心元素，设计风格是花境特色、文化特色的表现形式，二者缺一不可。目前我国花境地方文化和特色还未形成，这仍需要花卉工作者共同努力。在花境植物材料选择时，应注意加大选择中国植物材料的力度，注意地方特色和文化特色，避免雷同化、形式化。中国被称为"花园之母",中国原产或特产的植物约占花园植物的50%,可用作花境的资源有上千种,但目前应用在花境中的植物还较少。因此,应该关注和加大中国花境植物的开发与应用。二是花境设计与应用的创新。花境是园林植物应用的形式,灵活多样,有很大的创新空间,而自然能给我们创新的灵感,如雪山、高原、荒漠形成的类似花境的景观。城市园艺中出现多种新的花境景观,如垂直花境、立体花境、阳台微型花境、动植物混合花境等,希望我们从事花卉应用的同行们在花境创新方面也能够做出更多的探索,使中国的花境应用更上一层楼。

最后,在该书再版之际,我谨向编写本书的夏宜平教授及其团队表示祝贺。

2020年6月于北京林业大学

前言

近年来，园林花境这一优秀植物造景形式在国内迅速推广，成为城市绿化与美化的一道亮丽风景线。花境相关的植物生产、设计与营造，甚至包括技术培训，俨然已经成为一个产业。2009年1月出版《园林花境景观设计》，距今已逾10年，为花境从业者、高校学生带来了积极影响，值得欣慰。因此书早已售罄，鉴于国内花境行业的实际需求，特此重新梳理花境理论、推荐花境植物、增添案例分析，再行出版。

笔者一直致力于园林花境在国内的推广普及工作，并指导多名研究生从事花境历史、花境植物、种植设计等专类研究。笔者深感，作为自然式植物造景形式，作为亲和人、愉悦人的植物景观，花境能够为生态文明、美丽中国建设做出贡献。我国拥有三千年传统园林文化积淀，在我们重新学习并借鉴英国等西方花境的同时，也一定能创造富有中国特色的园林花境形式。

本书再版后，保留了原书总论篇、各论篇、案例篇的主体架构。总论篇，更新了大量图片，增加了花境植物选择比较和我国花境发展趋势等内容。各论篇，取消了花境植物的原分类方式，从服务于花境设计与营造出发，创造性地提出了骨架、主调、填充植物三大分类新方式，更适合广大花境从业者选择植物材料。再版的花境植物共介绍228个种（含品种），比原书新增了62种；其中重点推荐120种，比原书新增了35种。结合花境应用现状，再版时介绍了大量新优植物品种。

案例篇也进行了大幅度修订，更新篇幅达三分之二。仅保留原书中较为经典的10个案例，并进行重新梳理与优化分析。再版以英国、公园、道路、庭院为花境案例的分类方式，新增国内外优秀花境实例15个，较为详细地分析了设计理念、景观效果、植物选择、竖向设计和配置手法。

感谢编委同仁的辛勤工作。张璐负责花境植物整体梳理并提供部分案例，苏扬负责花境案例绘图及其统稿工作，刘莉参与部分花境案例分析起草，楼媛媛、胡鹰、李丹青参与部分花境植物起草和整理。感谢刘坤良、袁慧红提供部分花境植物资料；感谢张美萍、吴芝音、孙学怀提供部分花境案例资料。

最后要真诚地感谢北京林业大学原副校长张启翔教授，当年曾热情作序，今仍慨然为本书再版拨冗作序，使笔者深受感动、备受鼓舞。

本书再版最后统稿时，正值2020年初疫情暴发，每日禁足在家，沉浸书稿梳理工作，昼夜不分。想花境乃美好景物，可为健康人居提供优美环境，可赏可游，遂感怀于心、莞尔神怡。

夏宜平

2020年2月于浙大华家池畔

第一版前言

　　园林花境源于19世纪初期的英国庭院，是18世纪英国自然风景式园林的延伸产物，它倡导运用生机盎然的开花植物再现其自然美和群体美。因而，欧洲花境的设计理念和手法也深受中国古典山水园林的影响。近年来，国内各地纷纷将花境作为新兴的植物造景形式，并创造性地应用于城市公共绿地，这有别于欧洲传统的庭院花境，对于提升城市园林绿化水平和环境美化品质，丰富植物多样性和景观多样性均具有现实意义。

　　笔者与研究生们一直致力于花境植物资源收集和种植设计工作，深感新优花境植物材料之丰富。本书愿与园林界同仁交流共勉，希望能应用更多的宿根花卉、花灌木甚至野花野草，更加注重花境设计的立面效果和景观层次，避免一味追求花境的四季景观，从而创造出多姿多彩、生生不息的自然式花境。

　　本书有三大特点。其一是园林花境研究的理论性，系统地阐述了园林花境的概念、分类、历史渊源和设计原则；其二是花境植物的新颖性，介绍极具景观价值的花境植物182种（含品种），配以彩图识别并说明其花境应用；其三是花境设计的实用性，取滨水、道路、公园、居住区、庭院等不同类型花境案例，分析其设计理念和配置手法。

　　感谢编委会同仁的辛勤工作。叶乐参与花境案例的创意和设计，张璐参与花境案例绘图和全书统稿工作，顾颖振参与花境总论篇的起草工作，郑日如、常乐、袁慧红等编委参与花境各论篇的资料整理，周泓、张智、赵世英等编委参与花境案例篇的绘图分析。

　　最后要真诚地感谢北京林业大学副校长张启翔教授，他在百忙中欣然为本书拨冗作序，使我备受鼓舞。

夏宜平

2009年1月于浙大华家池畔

总论篇 目 录

总
论
篇

目录

各论篇

各论篇

第8章　花境填充植物／157

各论篇

案例篇目录

总论篇

第1章 园林花境的概念与分类

现代园林建设发展日新月异，对景观的追求也远不止于朴实无华的绿化效果，环境美化已日显重要。以多年生花卉为主要造景元素的园林花境不仅能营造花繁叶茂、浓香馥郁、生机勃勃的植物景观，还具备园林色彩和季相的丰富性，体现了形式与功能统一的植物造景理念，也是园林种植设计的发展趋势之一。

1.1 花境的概念

1.1.1 花境的定义

图1-1 自然野花草甸

图1-2 理想的花境胜景

花境，源自西方，英文Flower Border，也被译作花径。

传统《花卉学》将花境定义为：以树丛、树群、绿篱、矮墙或建筑物作背景的带状自然式花卉布置。花境是根据自然风景中林缘野生花卉自然散布生长规律，加以艺术提炼而应用于园林（图1-1）。

孙筱祥先生的经典著作《园林艺术与园林设计》（1981年）是国内可查阅到花境概念的最早文献。《中国百科大辞典》也同样表述为：花境是在园林中由规则式的构图向自然式构图过渡的中间形式，其平面轮廓与带状花坛相似，种植床的两边是平行的直线或是有几何轨迹可寻的曲线，主要表现植物的自然美和群体美。

花境起源于西方，19世纪30～40年代的英国最早出现的是草本花境（Herbaceous Border）。英国造园家克里斯托弗·劳埃德（Christophor Lioyd）在1957年首次提出了"混合花境（Mixed Flower Border）"的概念，美国著名园艺学家和造景专家特蕾希（Tracy DiSabato-Aust）（2003年）进一步阐述了混合花境：以草本植物和木本植物为素材，用攀援植物、观赏草作为框景植物，选用一二年生、宿根草本和球根花卉作为春夏季主要开花植物，将不同质地、株形和色彩的植物混合配植，以营造周年变化的造景形式（图1-2）。

借鉴国内外花境的概念，我们将花境定义为：以宿根花卉、花灌木等多年生观花植物为主要材料，以自然带状或斑状的形式混合种植于林缘、路缘、墙垣、草坪或庭院，在植株群体形态、色彩和季相上达到自然和谐的一种园林植物造景形式（图1-3）。

1.1.2 概念的比较

"花境"的出现已接近两个世纪。近年来国内各地营造花境之风盛行，但对其概念和表现形式的理解仍存在诸多问题，因此有必要将花境与花坛、花带、花丛、花群、花海等花卉的园林应用形式进行比较辨别。

（1）花境与花坛 从植物材料上比较，花坛以株形低矮、开花整齐、花期集中、花色鲜明的一二年生花卉为主；而花境则以宿根花卉为主，并结合各类花灌木、球根花卉、一二年生花卉等。从构图上比较，花坛通常有几何形轮廓，较为规整，表现为对比鲜明的色块组合，讲究平面图案（图1-4）；而花境在平面上的外形轮廓一般呈带状或不规则状，在立面上高低错落，而且要求季相变化丰富，能展现植物在自然生境中的群体美。从园林应用上比较，花坛多应用于城市广场、道路交通岛、公园入口处等，成景快速，但为了保证观花效果，每季均需要换花；而花境常布置于林缘、路缘、庭院、草坪或建筑物旁，由于多年生花卉能自然更替生长，虽建植成景较慢，但不需换花，管理成本相对降低。

（2）花境与花带 由于花境通常布置为自然带状形式，所以与花带的概念更易混淆。两者的主要区别在于花境必须有错落有致的立面景观效果；而花带则无此严格要求，只是强调花卉的带状布置（图1-5）。在用材和季相上，花带多以单一、整齐的开花植物为主，季相要求不严；而花境更注重植物的多样性、季相的丰富性与自然性。

（3）花境与花丛、花群 花丛、花群通常指由某一类花卉植物以丛植或群

图1-3 园林花境

图1-4 草坪花坛布置

图1-5 球根花卉组成的花带

图1-6 春季花群

图1-7 向日葵花丛

植的种植形式，形成局部区域的整体观花景观，不要求物种的丰富多样，也不一定需背景植物，常布置在醒目的开敞地、路缘、园路岔口、建筑物旁或庭院一隅，作点缀之用（图1-6、图1-7）；而花境由多种开花植物配置，具明显的植物多样性，通常与周围草地衔接或以乔灌木做背景，可独立成景，富有动态变化。

（4）花境与花海、花田　花海是自然或人工成景的盛花植物景观，在人的视线范围内，呈现出色彩绚丽、开阔壮观、整体感强的景象（图1-8）。花田是指生产性或模拟生产性花卉，种植在大面积的田块、垄地上（图1-9、图1-10）。花海意在体现花的海洋，强调的是体量感；花田则主要体现农耕肌理。花海或花田通常是单一花卉，也可以是多种花卉，在植物材料上均需具备观花效果好、群体花期集中的特性，在尺度上都是强调花卉的大面积应用。与花海、花田明显不同的是，花境不强调面积，不适合远眺，以多样性的精致植物配置为要义。

图1-8 人工花海（江苏大丰）

图1-9　薰衣草花田（新疆）

图1-10　芍药花田（安徽亳州）

1.2　花境的分类

花境是花卉的一种应用形式，其分类方式很多，可以根据应用的植物材料或观赏特性、应用的场景、环境条件或观赏方式等要素进行分类。花境分类应遵从同一个分类标准；而同一花境根据不同分类标准，可归属于多种形式。

1.2.1　根据植物材料分类

花境依构景的主要植物材料，可以分为草本花境、混合花境、观赏草花境、针叶树花境、野花花境和专类植物花境等。草本花境、混合花境是长期以来的主要形式，而观赏草花境和针叶树花境则是欧美国家近年来植物造景的新宠。

（1）草本花境　以一二年生花卉、多年生球宿根花卉等草本植物为材料的花境形式，通常开花期集中、观花性强，在春、夏、秋三季构成繁花似锦的观花景观，是出现最早的花境形式（图1-11）。是专门以各类宿根花卉、球根花卉组成的花境，也可称之为宿根花境、球根花境。

(a)　(b)

图1-11　草本花境

(a)

(b)

图1-12　混合花境

图1-13　观赏草花境

图1-14　针叶树花境

图1-15　美国纽约高线公园的野花花境

（2）混合花境　综合运用一二年生花卉、多年生草本、花灌木甚至小乔木的花境配置形式，以体现丰富的植物多样性和自然的季相变化，观赏期长。混合花境是园林应用的主流花境形式，通常用花灌木或小乔木作背景，以色彩艳丽、姿态多样的多年生花卉为主，并混植点缀常绿灌木、常绿草本或色叶植物来丰富叶形、叶色，辅以低矮匍地类草本植物为饰边材料，富有景观层次（图1-12）。

（3）观赏草花境　观赏草是指应用于园林造景的以茎秆、叶丛、花序为主要观赏部位的禾本科植物的统称，也包括部分莎草科、灯心草科、花蔺科等植物。观赏草植物姿态优美、叶色丰富、花序独特，不仅随风摇曳，更有捕捉光影之妙，不同株形的观赏草配置即可成景，尤以表现秋季景观为特色（图1-13）。

（4）针叶树花境　是近年来欧洲园林景观中新兴的植物造景形式。松柏类针叶树的园艺栽培品种甚多（图1-14），其株形、叶形、叶色极其丰富，且耐修剪、耐造型，不同针叶树品种配置的花境，不仅构图独特，且常绿木本植物的优势明显，景观持续性强。

（5）野花花境　又称野花草甸（Flowering Meadow），模拟自然界中由草本花卉植物所形成的大面积野生生境而营造的花境，也属于草本花境的范畴。荷兰著名的园艺大师皮特·奥多夫（Piet Oudolf）创造的自然主义美学景观（图1-15），英国谢菲尔德大学的詹姆斯·希契

图1-16　英国伦敦奥林匹克公园的野花花境

莫夫（James Hitchmough）和奈杰尔·邓内特（Nigel Dunnett）教授共同倡导的野花草甸（图1-16），均极具影响力。多采用草本花卉种子混播方式营造，呈现植物自然野趣之美。

（6）专类植物花境　由同属异种或同种不同品种植物组成的专类植物花境，例如百合花境、鸢尾花境、郁金香花境、月季花境、飞燕草花境（图1-17）、耧斗菜花境（图1-18、图1-19）等。一般宜选用直立性较强的球宿根花卉或花灌木的园艺品种，以同时展现其丰富的色彩和立面景观效果。

图1-17　飞燕草花境

图1-18　耧斗菜花境

图1-19　丰富的耧斗菜品种

花境根据应用场景的不同，可以分为林缘花境、路缘花境、墙垣花境、草坪花境、滨水花境以及庭院花境等。林缘、路缘、墙垣的花境多为带状布置，草坪花境常以独立式布置为主，而庭院花境则需要根据场地来选择布置方式。

（1）林缘花境　风景林的林缘配置，多以常绿或落叶乔灌木作背景，呈带状分布，常作为与草坪、道路衔接的过渡植物群落，是目前应用较广泛的花境形式（图1-20、图1-21）。

图1-20　江南林缘花境

图1-21　华南林缘花境

（2）路缘花境　园林中游步道旁边的花境，可以单边布置，也可以夹道布置，若在道路尽头有雕塑、喷泉等园林小品，可以起到引导空间的作用。路缘花境是路边乔木、草坪与园路的良好过渡，人们可以漫步其中而近观（图1-22）。

图1-22　路缘花境

（3）墙垣花境　包括墙缘、植篱、栅栏、篱笆、树墙或坡地的挡土墙以及建筑物前的花境，统称为墙垣花境，多呈带状布置，亦可块状布置。利用多年生植物生长势强、管理粗放、花叶共赏的特点，可以柔化构筑物生硬的边界，弥补景观的枯燥乏味，并起到基础种植的作用（图1-23、图1-24）。

图1-23　墙垣花境　　图1-24　墙垣/路缘花境

（4）草坪花境　位于草坪或绿地的边缘或中央，通常采用单面、双面或四面观赏的独立式花境。既能分隔景观空间，又能组织游览路线，也为柔和的草坪、绿地增添了活跃灵动的气氛（图1-25、图1-26）。

图1-25　草坪花境　　图1-26　草坪/林缘花境

（5）滨水花境　在水体驳岸边或草坡与水体衔接处配置，以耐水湿的多年生草本或灌木为植物材料，常带状布置，观叶、观花皆宜，在滨水地带形成美丽的风景线（图1-27）。

（6）庭院花境　应用于庭院、花园或建筑物围合区域的花境。可沿庭院的围墙、栅栏、树丛布置，也可在庭院中心营造，或点缀庭院小品，盎然成趣，是欧洲传统花境中最常用的形式之一（图1-28）。

图1-27　滨水花境　　图1-28　庭院花境

1.2.3　根据观花特性分类

花期和花色是营造花境时需要考虑的重要因素。

根据国内大部分地区的气候特点，依花期可分为早春花境、春夏花境和秋冬花境。

（1）早春花境　以早春开花的植物如球根花卉为主景材料，配以常绿色叶植物、一二年生花卉来丰富景观。

（2）春夏花境　以多年生花卉和花灌木为主，其花期常集中在仲春至初夏。这一时期的开花植物种类甚多，最能营造花色丰富的景观。

（3）秋冬花境　常以各类观赏草、秋色叶或观果类植物来呈现秋意，辅以春播一二年生花卉增添色彩，补充常绿植物来避免冬季景观的萧条。当然，利用植物冬季枯萎的茎秆和缤纷的落叶，也能为花境提供另一种意趣。

根据花色的丰富度，可以分为单色花境、双色花境和混色花境。

（1）单色花境　由单一或相近花色的植物材料组成，如蓝紫色花境、粉色花境、白色花境等，可利用同一色调中的色彩明度、饱和度、纯度的不同来营造整体色彩风格的花境（图1-29）。

（2）双色花境　通常利用冷色、暖色，或对比色、互补色，选取其中任意两种配置协调的色调，以表现花境植物色彩的对比与调和（图1-30）。

（3）混色花境　三种或三种以上花色构成的花境，色彩丰富，最能体现缤纷灿烂的景观效果，但应注意色彩的和谐过渡与整体协调，切忌色彩过度繁杂，也不能选择花色太过突兀的植物（图1-31）。

图1-29 单色花境

图1-30 双色花境

图1-31 混色花境

1.2.4 | 其他分类形式

　　根据观赏角度不同，可分为单面观花境、双面观花境、四面观花境、列式花境等。单面观花境常以建筑物、矮墙、树丛、绿篱等为背景，植物配置在整体上呈现前低后高的层次，主立面清晰，供游人单面观赏。双面观花境通常没有背景，多设置在草坪、道路或树丛间，种植呈中间高、两侧低，可供游人从两侧观赏。四面观花境则是四周开敞或有园路，能从四面观赏（图1-32）。列式花境也称对应式花境，通常布置在园路或草坪两侧，呈现队列式的花境景观，让游人徜徉、沉浸其中（图1-33）。

　　根据立地条件不同，花境还可以分为阳生花境、阴生花境、湿生花境、旱生花境、岩石花境等多种形式。

图1-32　四面观花境

图1-33　列式花境

第2章 园林花境的历史渊源

2.1 花境的起源

中国传统园林源远流长，三千余年漫长的发展过程形成了世界上独树一帜的风景式园林体系。"源于自然，高于自然"一直是中国园林体系要表现的最高境界（图2-1）。花境所追求的同样是体现自然式植物造景风格，这与中国古典园林的本质一脉相承。

花境起源于英国，距今近二百年。随着18世纪英国自然风景式园林的发展，运用生机盎然的植物表现舒展开阔、真切生动的本色自然成为西方园林的主流观念。在这样的大背景下，花境诞生了，并迅速风靡（图2-2）。尤其在19世纪下半叶工艺美术运动的影响下，以格特鲁德·杰基尔（Gertrude Jekyll）为代表的英国造园师，创造了诸多经典的花园，花境成为这一时期用来表现自然景观无限丰姿和无穷生命力的杰出代表。

英文Flower Border，中文译作"花境"，非直译，而是体现了中国园林对外来的花卉应用形式在生境、画境和意境层面上的理解与升华。因此，切不可写成"花镜"。

图2-1　中式园林风格庭院

2.2 国外花境的发展简史

国外花境发展最早、最成熟的国家首推英国。以花境为主要造景形式的花园式园林是英国自然风景式园林的独特传统，引领了一代潮流。随后，花境在欧美多个国家也逐渐兴起，随着形式的多样化、造景手法的多元化，花境的发展趋于成熟。根据时代年限、形式特点以及造景手法等元素，我们把花境的发展归纳为四个时期：

图2-2　西式花境庭院

（1）成形期　指草本花境初具雏形的时期，约始于19世纪30～40年代，英国阿利庄园（Arley Hall & Gardens）是标志草本花境产生的主要代表。18世纪，英国出现了自然风景式园林风格，认为美是一种感性经验，倡导通过合理配置植物来营造丰富多姿的自然景观，这便是最初的花境理念。始建于1832年的阿利庄园位于英格兰中部，在园路的两旁修建了背靠紫杉篱或砖墙、点缀着紫杉树造型的多年生草本花境。这个建成于1846年的花境作品被认为是最早的英国草本花境起源（图2-3）。

图2-3　英国阿利庄园的草本花境

（2）发展期　19世纪中后期至20世纪初是草本花境极为风靡的时期，在英国园林尤其是花园中应用最为广泛。

威廉·罗宾逊（William Robinson，1838—1935）和格特鲁德·杰基尔（Gartrude Jekyll，1843—1932）是该时期两位著名的花境设计师。罗宾逊是最早的花境设计师之一，代表作如格利弗特庄园（Gravetye Manor），他对植物种植设计的思路和手法为花境的最终成形奠定了坚实的基础。杰基尔女士的作品通常具有无限的生命活力和青春动感，代表作有希斯特科姆花园（Hestercombe Gardens）（图2-4）、迪恩花园（Deanery Garden）等，她利用丰富的色彩感、有序的空间层次和生动的配置形式令花境楚楚动人，巧妙的组合让花境景观多样化的特色展露无遗。

图2-4　希斯特科姆花园的庭园花境

这一时期，草本花境在英国花园中最为盛行。著名的设计师和经典作品还有：爱德华·凯姆（Edward Kemp）设计的奈茨海斯花园（Knightshayes Court）（图2-5），先后经查尔斯·布里奇曼（Charles Bridgeman）和威廉·肯特（William Kent）设计过的劳斯汉姆公园（Rousham Park），英格兰北部对色彩配置细致周到的赫特顿家族公园（Herterton House Garden），罗伯特·洛里莫（Robert Lorimer）在受苏格兰老式花园影响下设计的凯利城堡（Kellie Castle）（图2-6）等，都有优秀的花境作品，引来了无数人的拜读观摩。设计师们对花境的艺术造诣堪称精湛，草本花境在色彩的搭配、株形的选择、质地的考究中也有了长足发展，为之后混合花境的形成奠定了基础。

如英国牛津郡 Alkerton 市 David 庄园有着19世纪英国典型的乡村别墅风味，通过对株形各异、花色相近的多年生植物的巧妙运用，营造出一个以素白为主色调的草本花境（图2-7）。洁白无瑕的飞燕草（*Delphinium* 'Icecap'）矗立挺拔，白花的王百合（*Lilium regale*）、圣伯纳德百合（*Anthericum liliago*）和银白色的蒿属（*Artemisia*）植物傲然挺立，还有大滨菊（*Leucanthemum maximum*）、钓钟柳（*Penstemon campanulatus*）、耧斗菜（*Aquilegia vulgaris*）也都生机勃勃，填充花境的中间层次，赋予其色彩与株形的变化；此外，一些宿根花卉的白花园艺种如假龙头花（*Physostegia virginiana* 'Summer Snow'）、草原老鹳草（*Geranium pretense* 'Album'）、毛叶剪秋罗（*Lychnis coronaria* 'Alba'）、麝香锦葵（*Malva moschata* 'Alba'）、角堇（*Viola cornuta* 'Alba'）等植株在花境中此起彼伏、意趣横生，在花枝招展的西洋山梅花（*Philadelphus coronarius*）的衬托

图2-5　奈茨海斯花园的列式花境

图2-6　英国凯利城堡花境，引导景观空间

图2-7　英国牛津郡大卫（David）庄园的白色花境

下，把庄园装扮得清纯亮丽，富有浓郁的古朴韵味。

（3）活跃期　20世纪初期至中期，在草本花境繁荣的同时，出现了混合花境和四季常绿的针叶树花境等特色鲜明的花境造景形式。除英国外，法国、德国、比利时等国的花境景观营建也有了阶段性的发展。思想的开放，设计理念的大胆，使花境的发展进入活跃期。这一时期，花境设计师们不仅在色彩与形态的驾驭能力上达到了更高层次，还力求时间、空间与园林景观的同步，他们利用多种形态的植物以追求持续变化的动态景观的做法值得借鉴。

1957年，克里斯托弗·劳埃德首先提出了"混合花境"的概念。劳埃德是大迪克斯特庄园（Great Dixter House & Gardens）的主人，是20世纪最有影响的造园家之一。他在花园中设计了著名的"布景"长花境（Long Border）（图2-8、图2-9），大胆地运用大量灌木、多年生和一二年生花卉混合种植，尝试着对不同植物材料无休止地变幻，在各种植物生生息息的自然演变中寻求最适宜的组合配置。这道美丽的"布景"长60m、宽4.5m，种植了紫杉树篱、平枝栒子（Cotoneaster horizontalis）、美人蕉、番红花（Crocus sativus）、老鹳草（Geranium pratense）、秋水仙、大丽花、秋海棠、马鞭草等各种植物，繁花似锦。混合花境观赏期长，从4月一直延续到10月，尤其是夏、秋季，各种花卉植物摇曳生趣，为花境增添了壮观的景致。混合花境的出现，让游客和园艺师们感受到无比的惊喜和振奋，为花境发展和植物设计理念创新做出了极大的贡献。

20世纪混合花境的出现，不仅是植物造景形式创新的表现，也是如今"生态园林"的先行者。混合花境中对植物材料的选择和植物配置的设计理念，与今天倡导的生物多样性原则及重视自然和生态的思想同出一辙，这也提升了花境在园林植物景观营造中的地位。

美国造园家特蕾希在俄亥俄州设计的一个混合花境（图2-10），高大的北美乔松（Pinus strobus）十分适宜大尺度的花园，作为整个画面的构图背景；而低矮的小灌木，却因生长缓慢而始终保持有型的树姿，营造了稳定而持续的景观效果；蓝紫色的鼠尾草（Salvia × sylvestris 'Blanhugel'）和高山耧斗菜（Aquilegia alpina），配以黄色的金叶莸（Caryopteris × clandonensis 'Worcester Gold'）是整个花境的亮点，再以阔叶茸毛的绵毛水苏（Stachys lanata）和剑形叶的德国鸢尾（Iris germanica）点缀，恰到好处地利用了景观空间。

除了灌木、多年生花卉等陆生植物的配置，混合花境还可以结合周围环境引入水湿生植物，使混合花境的层次更为丰富。在20世纪的英国园林中，此类花境并不乏例证，如英国长石公园（Longstock Park）（图2-11），利用水陆交界的特殊环境，使草坪花境与水生花卉融

图2-8　大迪克斯特庄园的长花境（春季）

图2-9　大迪克斯特庄园的长花境（夏季）

为一体，别具特色。此处地形起伏，降水充沛，青草坡缓缓入水，常绿的乔灌树丛下，阔叶的水苏和玉簪十分抢眼，一侧是白色马蹄莲，隐去了生硬的水陆边界，又丰富了景观层次；水体的另一侧是紫红色的报春大烛台（*Candelabra primroses*）、蓝紫色的燕子花（*Iris laevigata*）和黄花的黄菖蒲（*Iris pseudacorus*），与对岸的玉簪、萱草和圆苞大戟（*Euphorbia griffithii*）遥相呼应，别有情趣。

（4）成熟期　第二次世界大战之后，贝斯·查托（Beth Chatto，1923—2018）、佩西·凯因（Cane Percy，1881-1976）等园艺学家创造了20世纪中后期花境的辉煌。花境从草花花境、混合花境逐渐向以某类植物或某个特点为造景焦点的主题花境发展，如凯因创造的美丽的飞燕草花境，厄普顿格雷城（Upton Grey）中心的领主宅邸庄园中的月季花境等，种植设计更显巧妙精致。同时，现代化时代的到来使得花境的发展更加成熟。花境的形式不再局限于带状布置，出现了形状随意的"岛屿式"，即今天的独立式花境；花境的应用也不再局限于庭院，更多的被应用到公园、城市绿地等大尺度的场景中，而且逐渐被更多的国家采纳，体现了其开放性和公众性。

这一时期的到来，使得素以规则式园林著称的法国也重新审视了植物造景的基本理念。20世纪90年代，法国风景园林师开始注重植物景观的营造，尤其关注适应性强、管理粗放的野生植物和草本植物，甚至是外来植物的引种驯化。著名风景园林设计旗手吉尔·克莱芒（Gills Clément）对植物语言的深刻了解和娴熟的植物群落配置技巧，确立了他在国际风景园林设计行业中的领军地位，90年代初建立的巴黎安德烈·雪铁龙公园（Le Parc André-Citroen, Paris）是其代表作。公园中有一个"动态花园"（图2-12），由成簇的羊茅属（*Festuca*）、蒿属（*Artemisia*）、蓟属（*Cirsium*）和毛蕊花属（*Verbascum*）的大量野生植物精心配置的

图2-10　美国俄亥俄州亨德利（Hendley）花园的花境

图2-11　英国长石公园滨水花境

图2-12　法国雪铁龙公园的动态花园花境

花境组合而成。设计师极力展现了植株鲜艳夺目的自然色彩，他提倡由植物的自然属性决定景观能否持续，认为应尊重地球上原有的生命形态。他对人工与自然高度融合的设计理念，使公园既有类似传统园林的严谨、开敞的自由空间，又有符合现代审美情趣的五彩缤纷的植物景观。继承传统、适应现代，崇尚自然、追求生态也正是花境需要发展的方向。

在美国的自然生态绿地中，成片的帚石楠（*Calluna vulgaris*）与低矮的针叶树、色彩鲜艳的矮灌木混合布置，煞有气势（图2-13）。虽然所有的灌木丛都修剪成团块状，但由于色彩变化丰富、整体格调统一，花境显得十分壮观，令人叹为观止。这类地被式花境同样适用于岩石园等专类园，也是花境在大尺度生态环境中大手笔应用的典范，体现了花境发展中的开放性与公众性。

图2-13 美国生态公园的帚石楠混合花境

2.3 国内花境的兴起与发展

我国自20世纪80年代开始出现花境，发展至今约40年历史。

（1）启蒙阶段　20世纪80年代，真正意义上的花境在国内尚未出现，但如西安植物园、上海植物园等单位已经开始大量引进国外新优的宿根花卉园艺品种，并在试验种植时进行组合配植，花境显现雏形，并开始储备基础植物材料。

（2）起步阶段　20世纪90年代，城市园林中利用花境造景的绿地开始露面。花境这一形式逐渐在北京、上海、杭州等城市绿地中应用，如杭州市园林文物局从1990年就开始在西湖风景名胜区及城市绿地中试用花境。但因受限于花境植物材料和花境营造观念，这一时期在总体上发展较为缓慢。

（3）推广阶段　进入21世纪后，国内城市绿地中的大规模花境应用开始出现，尤以上海、北京等大城市为甚。以杭州为例，自2003年开始规模化推广花境，包括湖滨、长桥公园、杭州花圃、曲院风荷、万松书院等32个景点，花境应用的绿地面积约2410 m^2。2006年的调查统计表明，杭州西湖风景区拥有花境面积4697 m^2，分布在74个节点，尤其是在湖滨、岳庙、灵隐、凤凰山等管理处管辖的绿地，花境应用面积快速增长。在2003~2006年期间，杭州花境应用的总面积增加了近一倍。

这一时期的重要特点还在于各地重视引进、推广各类花境植物新材料，如上海上房园艺有限公司、北京花木公司、浙江虹越花卉有限公司等企业大量引进新优品种。然而，在花境推广中仍存在很多问题，如花境植物新材料的适应性尚不足，推广应用的花境植物仍较单一；多采用花坛式的布置手法，需换花，立面与季相设计尚不能达到花境应有的景观效果等。

（4）发展阶段　2010年以后，随着园林建设的日新月异，园林学者、设计师、园林企业都开始关注花境的发展，花境应用的整体水平明显提升；花境形式逐渐丰富，植物材料不断增多，逐步体现了物种多样性和景观多样性的统一；花境应用范围不断扩大，从公园绿地到道路绿地，从居住区绿地到单位附属绿地，从城市绿地扩展到乡村环境美化（图2-14、图2-15）。

尤其在2016年唐山世界园艺博览会，由中国花卉协会、中国风景园林学会主办的国际花境景观竞赛，是我国世园会历史上首次的花境专项竞赛（图2-16）。竞赛共有38个展区，参赛作品从创意、构图与表现、材料多样性、立面景观、点景等方面，都体现了当时国内花境设计营建的最高水平，这次竞赛对于推动国内花境设计与应用具有里程碑式意义。

图2-14　上海辰山植物园花境

图2-15　杭州房产样板区花境

图2-16　唐山世园会花境竞赛作品

近年来，国内各类花境培训、花境竞赛日益增多，城乡园林建设的新建项目、景观提升工程，节假日、重大活动的环境美化布置等，都离不开花境。中国园艺学会球宿根花卉分会主导的花境师技能培训、中国花境论坛，提高了我国花境的理论认知与技术水平。2010年上海世博会、2016年G20杭州峰会，至2019年北京世界园艺博览会（图2-17）等重大活动，极大地提升了花境的影响力，推动了花境在城市绿化景观中的普及应用。

图2-17 北京世园会花境展示作品

2.4 我国花境的发展趋势

2.4.1 体现植物多样性，花境符合生态园林趋势

现代园林应由"仿生"向生态自然拓展（麦克·哈格，1991），在综合性生态规划思想指导下的生态园林城市建设，丰富植物的多样性是必需的。伦敦、巴黎、东京、新加坡、墨尔本等国外大城市，露地应用的园林植物总数已达到4000～6000种之多，而国内大多数城市的园林植物多样性甚为不足。仅依靠增加乔木种类来丰富物种数较有限，园林地被、花境等运用的花灌木和多年生花卉则更具潜力。由于近年来花境的普及，我国各地纷纷引进新优的园林植物品种，加速野生花卉资源的驯化利用，同时也有效地促进了园林植物产业的转型升级。

自然式的花境布置，最能展现开花植物的自然属性和群体美。花境取材丰富、应用形式多样，不仅符合生态园林建设对生物多样性的需求，也迎合了现代人对回归自然、崇尚自然的追求。

2.4.2 美化人居环境，花境契合景观开放性需求

花境具有绚丽多姿、构图自然、层次丰富的景观特质，使之成为现代园林中重要的植物景观形式之一。西方国家早期的花境多限于庭园，而走出传统的庭院、花园，向现代园林中的城市广场、街道、公共绿地、风景林带等领域拓展，更符合开放性、大众化、公共性等现代城乡环境建设的基本特征。

国内已经进入花境应用的快速发展期，花境已经成为很多城市园林建设中的一道亮丽的风景线，对于人居环境的彩化、美化均做出了重要贡献。花境的色彩丰富，配置手法多样，或缤纷绚丽、热烈奔放，或色泽淡雅、朴素清新。花境是宜人尺度的植物景观，提供更为亲和人的自然植物景观，是人们普遍喜爱的植物造景形式，契合现代人对于公共景观开放、共享的需求。

2.4.3 长效花境本质回归，自然枯荣体现可持续

由多年生植物构成稳定的人工植物群落即是长效花境，展现生生不息的自然状态。著名花园设计师皮特·奥多夫最早提出"Long-term Plant Performance"概念，花境体现的是多年生植物的自然属性和生命力，枯荣交替的演绎，本身就是一个动态的变化景观。植株的花、叶、果，群落整体观赏期的季相变化，都是体现了可持续的景观特色，也符合现代园林"从静态自然向动态自然过渡"的理念。

长效花境其实是回归花境可持续景观的本质，既是多年生花境植物生长规律的需要，也是花境景观呈现季相变化特征的需要。

稳定的花境植物群落，层次愈趋于饱满，景观则愈趋于自然，而同时，养护费用大大降低，生态效益更加显著。当然，由于各地气候条件和人工成本的不同，少量替换开花植物、植物花后管理、病虫害综合防控、秋冬更新修剪等，其难度、频度和成本均不同。今后，应在城乡绿地中推广更多的低维护的自然式花境，以充分体现园林植物景观配置的生态价值。

2.4.4 理性发展，避免泛化，开拓中国风格花境

花境在国内的发展历程尚短暂。近年来各地大力推广应用花境，存在扩张过快、质量不佳等问题，出现了"泛花境"现象，很多花境并未真正体现多年生植物的价值，违背了花境可持续性的本质特征。花境属于人工植物群落，需要精致养护才能达到预期的景观效果。而与一般城市绿地相比，花境的养护管理费用较高，因此需要科学理性地推广花境的应用。

我国园林历史悠久、植物资源丰富，应积极倡导花境的本土化发展，传承并发扬传统植物造景风格，开拓具有中国风格、东方特色的园林花境。应尽量选择适应国内气候条件的乡土植物或园艺品种，深入挖掘并展示植物的文化内涵，使花境这一优秀植物造景形式能健康永续地发展下去。

花境是自然式的植物造景艺术，完全符合"生态文明""美丽中国"等国家战略需求，相信花境可以在我国城乡人居环境建设中展现更为广阔的应用前景。

第3章 花境植物的选择

花境发端并盛行于欧美国家，国内对花境的植物选择、设计与配置手法的研究还处于初探阶段。中国园林历史源远流长、博大精深，设计手法之巧妙、配置章法之独特、造景艺术之精湛令人叹为观止，如能结合传统园林文化，从花境植物的选择、色彩设计、立面及季相设计等方面加强探索研究，必然对我国园林花境的健康发展起到重要的推进作用，也必将形成具有中国特色的花境配置形式。

花境植物是应用性的分类方式。凡一切能应用于花境造景的园林植物均可称为花境植物。

3.1 植物材料选择原则

花境可应用的植物材料非常广泛，通常以多年生的宿根花卉、球根花卉、花灌木为主，也包括部分一二年生花卉和小乔木园艺品种。

花境配置首先应重视植物材料的选择。成熟的花境不应只是昙花一现，随着时间的推移、气候的变化，花境随植物生长快慢而呈现多样形态、层次变化。植物新陈代谢不同引起某种植物枯萎凋谢亦不会影响花境的饱满度、美观程度。因此，要根据观赏价值、生态适应性来选择植物材料，并结合科学合理的养护措施，以营造出生机勃勃的动态花境景观。

3.1.1 从植物生长适应性考虑

（1）选择乡土植物　由于乡土植物的适应性强、抗性强、生长势强，有利于花境可持续景观的维护。同时，设计师通常对当地植物材料的生长习性和观赏价值较为熟悉，应用起来游刃有余。

（2）选择花期较长的植物　植物的花开花落很正常，不可确保花境植物材料一年四季都不变，某一时期往往需另一种盛开的花卉植物来代替，因此选择花期相对较长或多年生的植物，可减少换花的次数，能在确保植物更新的同时降低成本。近年来，如萱草、鸢尾等宿根花卉育成了多次开花的新品种。

（3）选择试种成功的植物种类或品种　目前，很多科研机构、园林企业、绿化与养护单位等大力加强了新优花境植物的引种力度，开展了繁殖与栽培、生态适应性等研究，以增加花境植物的丰富性。然而，由于新优种类或品种的繁殖技术、容器栽培技术往往尚未成熟，应注意其宣传与实际应用效果的差异，即应尽量选择试种已经成功的新优花境植物种类或品种。同时，考虑花境成景需一段时间，建植初期的景观效果往往较差，花境师应选择花灌木和多年生花卉的容器苗，以加快其成景速度。

3.1.2 从造景角度考虑

（1）注重花境的植物多样性　花境有别于花坛、花带、花丛、花群等形式的主要特征就是其丰富的植物多样性，并由此产生的景观多样性。花境要求各类植物的生态配置，即乔、灌、花、草的有机组合，既能表现植物个体的自然美，又能展示植物自然组合的群体美。花境的应用不仅符合现代人们对回归自然的追求，也符合生态城市建设对于生物多样性的要求。

借鉴国外花境的景观营造，在丰富植物材料上应加强运用生态适应性强的园艺品种或乡土植物，并维持长期的景观效果。如在沪杭地区，针对夏季高温多雨、冬季低温潮湿的气候特点，选择花境植物材料时，应增加耐湿热的花灌木、宿根花卉以及观赏草的比例；增加常绿型植物如常绿灌木、常绿宿根、冬绿型草本的比例，以避免花境的冬季萧条。

（2）注重花境的景观丰富性　花境植物材料的选择广泛，尤其要注重应用多年生的球宿根花卉和花灌木，搭配植物时需灵活运用配置原则，追求层次的鲜明与观赏的特色。比如，对于路缘花境，需要产生移步异景的效果。应尽量多使用花灌木与观赏草，以求四季皆有景可赏。除了利用观花植物丰富景观外，还可利用叶形和叶色来达到四季观赏效果，使用阔叶、针叶、剑形叶的植物，都可增加景观的丰富性。

（3）注重花境的整体协调性　一些具良好的生长习性、单株观赏性好的植物材料，并非适合所有花境。关键在于，花境营造的是一种群体美，追求的是整体的和谐：比如柔和的色彩中掺杂某种特别跳跃的颜色就显得格格不入；如果本身营造的就是鲜明亮丽的花境，突出的是相互反衬的效果，那么应用对比的色彩就显得恰如其分。又比如，在花团锦簇的大滨菊中，偶有一株高大的蜀葵独立其中，尽管也是亭亭玉立，却显得孤傲离群；然而，如果每隔一段距离便有几株蜀葵配置其中，则不失巧妙地展现了韵律美。所以，选择花境植物材料要求满足个体美的同时，也要求符合整体协调性原则，使得花境浑然一体、熠熠生辉。

3.2　江南园林花境常用植物

3.2.1　一二年生花卉

一二年生花卉俗称草花或时花，包括一年生花卉及二年生花卉。一年生花卉是指其生活史在一个生长周期内完成，即当年生长、开花、结实后死亡，典型的有鸡冠花、牵牛花、半枝莲、万寿菊、紫茉莉等。二年生花卉是指在两个生长周期内完成生活史，即播种后第一年仅形成营养器官，翌年开花结实后死亡的花卉，典型的有金盏菊、毛地黄、桂竹香、紫罗兰等。有些植物在原产地属于多年生花卉，但在栽培地常被当作一二年生栽培，如雏菊。

在花境中运用一二年生花卉，具有色彩艳丽、生长迅速、栽培管理便利等特点。尽管从严谨意义上，一二年生花卉不符合花境多年生、长效的概念，但在江南地区，局部换用一二年生花卉能起到增亮色彩、弥补季节变换或花期空档的作用（表3-1）。

表3-1　江南花境常用一二年生花卉种类

序号	中文名	学名	科属	花期	株高/cm	花色
1	藿香蓟	*Ageratum conyzoides*	菊科，藿香蓟属	夏、秋（6～10月）	10～30	蓝、淡紫、雪青、粉红、白色
2	蜀葵	*Althaea rosea*	锦葵科，蜀葵属	春、夏（6～9月）	高达200	紫红、红、粉、黄、白等
3	金鱼草	*Antirrhinum majus*	玄参科，金鱼草属	春（5～6月）	40～90	红、粉、黄、橙红、橙黄、白等
4	香彩雀	*Angelonia angustifolia*	玄参科，香彩雀属	夏、秋（7～9月）	20～35	红、紫、粉、白
5	雏菊	*Bellis perennis*	菊科，雏菊属	冬、春（2～5月）	10～20	红、粉

序号	中文名	学名	科属	花期	株高/cm	花色
6	羽衣甘蓝	*Brassica oleracea* var. *acephala*	十字花科，芸薹属	冬、春（12～翌年4月）	20～30	绿、红、紫、白，观叶
7	翠菊	*Callistephus chinensis*	菊科，翠菊属	夏、秋（6～10月）	20～50	蓝紫、红、浅红、白色等
8	醉蝶花	*Cleome spinosa*	白花菜科，醉蝶花属	夏、秋（7～10月）	50～100	紫、红、粉、白
9	青葙	*Celosia argentea*	苋科，青葙属	夏、秋（8～10月）	30～100	红、粉，有红叶园艺种
10	矢车菊	*Centaurea cyanus*	菊科，矢车菊属	春（4～5月）	45～100	紫、蓝紫、蓝、红、淡红、白等
11	白晶菊	*Chrysanthemum paludosum*	菊科，茼蒿属	早春（2～4月）	20～40	白
12	春黄菊	*Anthemis tinctoria*	菊科，春黄菊属	早春（2～4月）	20～40	黄
13	花烟草	*Nicotiana alata*	茄科，烟草属	春、夏、秋（4～10月）	30～50	白、淡黄、桃红、紫红
14	波斯菊	*Cosmos bipinnnatus*	菊科，秋英属	夏、秋（6～10月）	40～80	紫红、红、浅红、粉红，盘心黄色
15	须苞石竹	*Dianthus barbatus*	石竹科，石竹属	春、夏（4～6月）	20～50	红、白、紫、深红
16	毛地黄	*Digitalis purpurea*	玄参科，毛地黄属	春（3～5月）	50～100	紫、淡紫、白、粉红色
17	三色松叶菊	*Dorotheanthus gramineus*	番杏科，三色松叶菊属	春（3～5月）	<20	红、粉、红白
18	天人菊	*Gaillardia pulchella*	菊科，天人菊属	夏、秋（6～10月）	30～60	黄、红、复色
19	古代稀	*Godetia amoena*	柳叶菜科，古代稀属	初、夏（5～7月）	30～90	白瓣红心、紫瓣白边、粉瓣红斑等
20	向日葵	*Helianthus annuus*	菊科，向日葵属	夏、秋（6～11月）	高达100	舌状花黄色，管状花棕色或紫色
21	同瓣草	*Laurentia hybrida*	桔梗科，同瓣草属	春（3～5月）	15～30	红、粉、白
22	香雪球	*Lobularia maritima*	十字花科，香雪球属	春、夏（3～7月）	10～30	紫、粉、白、雪青、堇色等
23	紫罗兰	*Matthiola incana*	十字花科，紫罗兰属	冬、春（1～5月）	20～50	紫红、蓝紫、大红、桃红、白
24	龙面花	*Nemesia strumosa*	玄参科，龙面花属	春（4～5月）	10～20	黄、铜红、橙红
25	喜林草	*Nemophila menziesii*	田基麻科，喜林草属	春（3～5月）	10～30	纯蓝、淡蓝、蓝底紫斑、黑、白
26	罗勒	*Ocimum basilicum*	唇形科，罗勒属	夏（7～9月）	30～80	紫、淡紫、白
27	南非万寿菊	*Osteospermum fruticosum*	菊科，南非万寿菊属	春（3～5月）	30～40	白、粉、红、紫红、蓝、蓝紫
28	虞美人	*Papaver rhoeas*	罂粟科，罂粟属	春（4～6月）	30～80	红、紫、白
29	冰岛罂粟	*Papaver nudicaule*	罂粟科，罂粟属	春（3～5月）	30～50	红、紫、黄、橙、粉、白
30	矮牵牛	*Petunia hybrida*	茄科，碧冬茄属	春、夏、秋（5～10月）	15～30	紫、红、蓝、粉、白、复色
31	欧报春	*Primula acaulis*	报春花科，报春花属	冬、春（2～5月）	20～30	红、粉、蓝、黄、橙、白
32	一串红	*Salvia splendens*	唇形科，鼠尾草属	春、夏、秋（4～10月）	15～45	红色
33	蓝花鼠尾草	*Salvia farinacea*	唇形科，鼠尾草属	春、夏、秋（4～10月）	20～40	蓝、淡蓝、淡紫
34	孔雀草	*Tagetes patula*	菊科，万寿菊属	春、夏、秋（4～11月）	20～40	黄、橙黄、橙红
35	旱金莲	*Tropaeolum majus*	金莲花科，金莲花属	春、夏（3～7月）	30～50	金黄、橙黄、橙红

序号	中文名	学名	科属	花期	株高/cm	花色
36	美女樱	*Verbena hybrida*	马鞭草科,马鞭草属	春、夏、秋(4~10月)	20~50	紫、红、蓝紫、粉、白等
37	细叶美女樱	*Verbena tenera*	马鞭草科,马鞭草属	春、夏、秋(4~11月)	15~40	紫、红、蓝紫、粉、白等
38	长春花	*Catharanthus roseus*	夹竹桃科,长春花属	夏、秋(6~10月)	15~35	红、紫红、粉红、玫红、白
39	三色堇	*Viola tricolor*	堇菜科,堇菜属	冬、春(1~5月)	10~40	紫、黄、白、复色
40	角堇	*Viola cornuta*	堇菜科,堇菜属	冬、春(1~6月)	10~30	白、黄、紫、蓝、复色

3.2.2 球宿根花卉

　　球宿根花卉即多年生草本花卉,包括了球根花卉及宿根花卉。其种类与园艺品种极其丰富,色彩多样,花期长,较一二年生花卉栽培管理粗放,又具有多年生长、养护成本低等优点,是花境应用中最主要、最受欢迎的类型。

　　球根花卉是指植株地下部分变态膨大或肥大,在地下形成球状或块状的变态茎或根,并大量贮藏养分的一类多年生草本花卉。在花境中常见应用的有葱属、百合属、大丽花属、美人蕉属、百子莲属、朱顶红属、石蒜属等。宿根花卉是指植株地下部分宿存于土壤中越冬,翌年春天再萌发生长、开花的多年生落叶草本花卉。广义的宿根花卉也包括多年生常绿草本、冬绿草本,即常绿宿根花卉。观赏草、水生花卉、兰科植物等也属于宿根花卉的范畴。

　　国内各地区因气候条件不同,选用的宿根花卉种类及其品种差异较大,能否适应当地气候条件,安全露地越夏、越冬是选择球宿根花卉的主要依据(表3-2)。就全球范围而言,应用于花境最多的玉簪属、萱草属、鸢尾属是三大主流宿根花卉,其园艺品种极为丰富;鼠尾草属、薰衣草属、芍药属、石竹属、婆婆纳属、福禄考、老鹳草属、景天属、蓍草属和观赏草类是重要的选择材料;新兴花境植物则包括矾根属、松果菊属、金鸡菊属、铁筷子属、美国薄荷属、银莲花属、大戟属、荆芥属、堆心菊属、延龄草属和耐寒蕨类等,新品种不断涌现。

表3-2　江南花境常用球宿根花卉种类

序号	中文名	学名	科属	花期	株高/cm	花色
1	千叶蓍	*Achillea millefolium*	菊科,蓍属	夏、秋(6~8月)	30~80	粉、白、黄
2	金叶石菖蒲	*Acorus gramineus* 'Ogan'	天南星科,菖蒲属	春(4~5月)	20~40	观叶
3	百子莲	*Agapanthus africanus*	石蒜科,百子莲属	夏、秋(6~9月)	40~70	亮蓝、蓝紫
4	多花筋骨草	*Ajuga multiflora*	唇形科,筋骨草属	春(4~6月)	20~40	蓝紫、淡紫
5	大花葱	*Allium giganteum*	百合科,葱属	春(3~5月)	40~120	紫红
6	银叶蒿	*Artemisia argyrophylla*	菊科,蒿属		30~50	观叶,银白
7	黄金艾蒿	*Artemisia vulgaris* 'Variegata'	菊科,蒿属		40~60	观叶,黄绿相间
8	一叶兰	*Aspidistra elatior*	百合科,蜘蛛抱蛋属		30~60	观叶,绿色
9	射干	*Balamcanda chinensis*	鸢尾科,射干属	夏(6~8月)	30~90	橙红、红、橙、橙黄
10	岩白菜	*Bergenia purpurascens*	虎耳草科,岩白菜属	冬、春(2~5月)	15~50	紫红、红

序号	中文名	学名	科属	花期	株高/cm	花色
11	白及	*Bletilla striata*	兰科，白及属	春（4～5月）	30～60	紫红、红、粉
12	风铃草	*Campanula medium*	桔梗科，风铃草属	春（5～6月）	40～100	深蓝、蓝、蓝紫、淡紫
13	美人蕉	*Canna indica*	美人蕉科，美人蕉属	春、夏、秋（6～11月）	80～150	黄、红
14	紫叶美人蕉	*Canna warscewiezii*	美人蕉科，美人蕉属	春、夏、秋（6～11月）	80～150	黄、红、橙，茎叶紫红
15	大蓟	*Cirsium japonicum*	菊科，蓟属	春、夏（6～9月）	30～60	紫、红
16	大花金鸡菊	*Coreopsis grandiflora*	菊科，金鸡菊属	春、夏、秋（6～10月）	30～70	金黄、黄
17	姜荷花	*Curcuma alsimatifolia*	姜科，姜黄属	夏、秋（6～10月）	30～60	粉红、橙红、白、复色
18	高飞燕草	*Delphinium grandiflorum*	毛茛科，翠雀属	春（4～5月）	70～120	深蓝、天蓝、紫、蓝紫、淡紫
19	常夏石竹	*Dianthus plumarius*	石竹科，石竹属	春（5～6月）	25～50	粉红
20	紫松果菊	*Echinacea pururea*	菊科，紫松果菊属	夏、秋（6～10月）	40～100	紫红、红、橙红
21	大吴风草	*Farfugium japonica*	菊科，大吴风草属	夏（7～9月）	30～70	黄
22	宿根天人菊	*Gaillardia aristata*	菊科，天人菊属	夏、秋（6～11月）	60～90	黄、橙
23	山桃草	*Gaura lindheimeri*	柳叶菜科，山桃草属	春、夏（5～9月）	60～150	粉红、白
24	花叶活血丹	*Glechoma hederacea* ‘Variegata’	唇形科，活血丹属		10～20	观叶
25	姜花	*Hedychium coronarium*	姜科，姜花属	夏（6～8月）	40～80	白
26	大花萱草	*Hemerocallis hybrida*	百合科，萱草属	夏（6～8月）	30～60	紫、红、黄、橙、复色
27	矾根	*Heuchera micrantha*	虎耳草科，矾根属	春、夏（4～9月）	20～60	红、粉、观叶
28	花叶玉簪	*Hosta plantaginea* cvs.	百合科，玉簪属	夏（7～9月）	30～80	白、淡紫，观叶
29	紫萼	*Hosta ventricosa*	百合科，玉簪属	夏（8～10月）	30～80	紫、淡紫
30	德国鸢尾	*Iris germanica*	鸢尾科，鸢尾属	春（4～5月）	40～100	蓝紫、紫、黄
31	蝴蝶花	*Iris japonica*	鸢尾科，鸢尾属	春（4～5月）	20～50	浅蓝、淡紫、白
32	花叶玉蝉花	*Iris ensata* ‘Variegata’	鸢尾科，鸢尾属	春、夏（5～6月）	30～80	紫、紫红、观叶
33	鸢尾	*Iris tectorum*	鸢尾科，鸢尾属	春（3～5月）	50～100	蓝紫、淡蓝
34	红叶苋	*Iresine herbstii*	苋科，红叶苋属		40～100	观叶
35	长寿花	*Kalanchoe blossfeldiana*	景天科，伽蓝菜属	冬、春（1～4月）	10～30	红、黄、粉
36	火炬花	*Kniphofia uvaria*	百合科，火把莲属	夏、秋（6～10月）	80～120	橙红、橙黄
37	野芝麻	*Lamium barbatum*	唇形科，野芝麻属	春（3～6月）	30～70	白、浅黄
38	大滨菊	*Leucanthemum maximum*	菊科，滨菊属	夏、秋（7～10月）	50～100	白
39	大吴风草	*Farfugium japonicum*	菊科，大吴风草属	夏、秋、冬（7月～翌年3月）	30～70	黄
40	金边阔叶麦冬	*Liriope muscari* ‘Variegata’	百合科，山麦冬属	夏（6～8月）	20～40	观叶
41	兰花三七	*Liriope zhejiangensis*	百合科，山麦冬属	夏（7～9月）	20～50	淡蓝紫

序号	中文名	学名	科属	花期	株高/cm	花色
42	半边莲	*Lobelia chinensis*	桔梗科，半边莲属	春、夏（5～8月）	10～20	粉红、淡紫、白
43	羽扇豆	*Lupinus polyphyllus*	豆科，羽扇豆属	春（4～6月）	40～120	黄、紫、蓝紫、红、白、复色
44	金叶过路黄	*Lysimachia nummularia* 'Aurea'	报春花科，珍珠菜属		5～15	观叶
45	斑叶凤梨薄荷	*Mentha suaveolens* 'Variegata'	唇形科，薄荷属		20～30	观叶
46	美国薄荷	*Monarda didyma*	唇形科，美国薄荷属	夏（6～9月）	60～120	红、紫、粉、橙
47	芭蕉	*Musa basjoo*	芭蕉科，芭蕉属		200～400	观叶
48	地涌金莲	*Musella lasiocarpa*	芭蕉科，地涌金莲属	一年多次	40～120	黄
49	荆芥	*Nepeta cataria*	唇形科，荆芥属	夏（7～9月）	40～150	白、淡紫
50	肾蕨	*Nephrolepis auriculata*	骨碎补科，肾蕨属		20～60	观叶
51	波斯顿蕨	*Nephrolepis exaltata* 'Corditas'	骨碎补科，肾蕨属		10～40	观叶
52	美丽月见草	*Oenothera speciosa*	柳叶菜科，月见草属	春、夏、秋（4～10月）	30～60	粉红
53	红花酢浆草	*Oxalis corymbosa*	酢浆草科，酢浆草属	春、夏、秋（4～11月）	15～30	红
54	芙蓉酢浆草	*Oxalis purpurea*	酢浆草科，酢浆草属	秋、冬、春（10～翌年4月）	10～20	粉
55	紫叶酢浆草	*Oxalis triangularis* subsp. *papilionacea*	酢浆草科，酢浆草属	夏（5～8月）	15～40	紫
56	芍药	*Paeonia lactiflora*	毛茛科，芍药属	春（4～5月）	30～60	红、紫、粉、白、复色
57	钓钟柳	*Penstemon gloxinioides*	玄参科，钓钟柳属	春（5～6月）	60	紫、红、粉
58	宿根福禄考	*Phlox paniculata*	花荵科，天蓝绣球属	春、夏（5～8月）	30～60	粉、红、紫、白
59	丛生福禄考	*Phlox subulata*	花荵科，天蓝绣球属	春、夏、秋（5～10月）	10～15	粉、红、蓝、紫、白、堇色
60	花毛茛	*Ranunculus asiaticus*	毛茛科，毛茛属	春（4～5月）	20～40	红、黄
61	万年青	*Rohdea japonica*	百合科，万年青属		20～50	观叶
62	黑心菊	*Rudbeckia hirta*	菊科，金光菊属	夏、秋（6～10月）	40～80	金黄黑心
63	金光菊	*Rudbeckia laciniata*	菊科，金光菊属	夏、秋（6～11月）	50～100	金黄
64	深蓝鼠尾草	*Salvia guaranitica* 'Black and Blue'	唇形科，鼠尾草属	夏、秋（6～10月）	60～150	深蓝
65	紫绒鼠尾草	*Salvia leucantha*	唇形科，鼠尾草属	夏、秋（6～10月）	50～120	紫红
66	天蓝鼠尾草	*Salvia uliginosa*	唇形科，鼠尾草属	夏、秋（6～10月）	60～120	天蓝
67	石碱花	*Saponaria officinalis*	石竹科，肥皂草属	春（5～6月）	30～90	白、粉
68	虎耳草	*Saxifraga stolonifera*	虎耳草科，虎耳草属	春（4～8月）	15～45	白，观叶
69	佛甲草	*Sedum lineare*	景天科，景天属	春（4～5月）	10～20	黄
70	八宝景天	*Sedum spectabile*	景天科，景天属	夏（6～8月）	30～50	粉红
71	银叶菊	*Senecio cineraria* 'Silver Dust'	菊科，千里光属	夏（6～9月）	20～60	黄，观叶

序号	中文名	学名	科属	花期	株高/cm	花色
72	绵毛水苏	*Stachys lanata*	唇形科，水苏属	春、夏（5～7月）	30～80	白，观叶
73	紫露草	*Tradescantia reflexa*	鸭跖草科，紫露草属	春、夏（6～8月）	30～70	蓝紫
74	郁金香	*Tulipa gesneriana*	百合科，郁金香属	春（3～5月）	30～50	红、黄、紫、白、粉、紫黑、复色
75	紫娇花	*Tulbaghia violacea*	石蒜科，紫娇花属	春、夏（5～7月）	30～50	紫、红
76	柳叶马鞭草	*Verbena bonariensis*	马鞭草科，马鞭草属	夏、秋（6～10月）	60～150	紫、淡紫
77	金边丝兰	*Yucca aloifolia* f. *marginnata*	龙舌兰科，丝兰属		50～150	观叶
78	马蹄莲	*Zantedeschia aethiopica*	天南星科，马蹄莲属	冬、春（2～4月）	50～90	白
79	红花菖蒲莲	*Zephyranthes grandiflora*	石蒜科，菖蒲莲属	春、夏、秋（6～9月）	30～50	红、粉

3.2.3 花灌木

花灌木是指以观花、观叶或赏果为主要目的的木本植物，一般包括常绿及落叶两大类。在花境应用中常作为背景植物、骨架植物，尤其是常绿灌木，对于维护花境冬季景观具有重要作用（表3-3）。

表3-3　江南花境主要花灌木种类（含品种）

序号	中文名	学名	科属	花期/观赏部位
1	大花六道木	*Abelia* × *grandiflora*	忍冬科，六道木属	夏、秋（5～11月）
2	花叶槭	*Acer negundo* 'Aureomarginata'	槭树科，槭树属	观叶
3	紫叶小檗	*Berberis thunbergii* var. *atroprupurea*	小檗科，小檗属	夏（6～8月）
4	金叶小檗	*Berberis thunbergii* 'Aurea'	小檗科，小檗属	观叶
5	醉鱼草	*Buddleja asiatica*	马钱科，醉鱼草属	春、夏（5～8月）
6	红千层	*Callistemon rigidus*	桃金娘科，红千层属	夏（6～8月）
7	山茶	*Camellia japonica*	山茶科，山茶属	春（3～5月）
8	茶梅	*Camellia sasanpua*	山茶科，山茶属	冬、春（12～翌年4月）
9	金雀花	*Caragana frutex*	豆科，锦鸡儿属	春（4～5月）
10	金叶莸	*Caryopteris clandonensis* 'Worcester Gold'	马鞭草科，莸属	夏（6～8月）
11	美洲茶	*Ceanothus* 'Burkwoodii'	鼠李科，美洲茶属	春、夏（5～8月）
12	蓝雪花	*Ceratostigma plumbaginoides*	白花丹科，蓝雪花属	夏（7～9月）
13	变叶木	*Codiaeum variegatum*	大戟科，变叶木属	观叶
14	朱蕉	*Cordyline fruticosa*	百合科，朱蕉属	观叶
15	红瑞木	*Cornus alba*	山茱萸科，梾木属	观叶、观干
16	瑞香	*Daphne odora*	瑞香科，瑞香属	春（2～4月）
17	金叶假连翘	*Duranta repens* 'Variegata'	马鞭草科，假连翘属	观叶

序号	中文名	学名	科属	花期/观赏部位
18	埃比胡颓子	*Elaeagnus* × *ebbingei* 'Gill Edge'	胡颓子科, 胡颓子属	观叶
19	欧石楠	*Erica spp.*	杜鹃花科, 欧石楠属	冬、春、秋
20	银边扶芳藤	*Euonymus fortunei* 'Emerald Gaiety'	卫矛科, 卫矛属	观叶
21	小叶扶芳藤	*Euonymus fortunei* var. *radicans*	卫矛科, 卫矛属	观叶
22	熊掌木	*Fatshedera Lizei*	五加科, 熊掌木属	观叶
23	金钟花	*Forsythia viridissima*	木犀科, 连翘属	春
24	菲油果	*Feijoa sellowiana*	桃金娘科, 菲油果属	春（5～6月）, 观叶、观果
25	八仙绣球	*Hydrangea macrophylla*	虎耳草科, 绣球属	夏（6～7月）
26	花叶八仙	*Hydrangea macrophylla* 'Maculata'	虎耳草科, 绣球属	春、夏（5～9月）
27	红果金丝桃	*Hypericum inodorum* 'Excellent Flair'	藤黄科, 金丝桃属	春、夏（6～8月）, 观果
28	钝齿冬青'完美'	*Ilex crenata* 'Compacta'	冬青科, 冬青属	观叶
29	龟甲冬青	*Ilex crenata* 'Convexa'	冬青科, 冬青属	观叶
30	金森女贞	*Ligustrum japonicum* 'Howardii'	木犀科, 女贞属	观叶
31	亮绿忍冬	*Lonicera nitida* 'Baggesen's Gold'	忍冬科, 忍冬属	观叶
32	千层金（黄金香柳）	*Melaleuca bracteata*	桃金娘科, 白千层属	观叶
33	花叶香桃木	*Myrfus communis* 'Variegata'	桃金娘科, 香桃木属	观叶
34	南天竹	*Nandina domestica*	小檗科, 南天竹属	观叶、观果
35	火焰南天竹	*Nandina domestica* 'Firepower'	小檗科, 南天竹属	观叶
36	火棘	*Pyracantha fortuneana*	蔷薇科, 火棘属	春（3～5月）
37	杜鹃	*Rhododendron simsii*	杜鹃花科, 杜鹃属	春（4～6月）
38	花叶杞柳	*Salix integra* 'Hakuro Nishiki'	杨柳科, 柳属	观叶
39	金叶接骨木	*Sambucus racemosa* 'Plumosa Aurea'	忍冬科, 接骨木属	观叶
40	六月雪	*Serissa serissoides*	茜草科, 六月雪属	春、夏（5～7月）
41	金焰绣线菊	*Spiraea* × *bumalda* 'Gold Flame'	蔷薇科, 绣线菊属	春（5～6月）
42	金山绣线菊	*Spiraea* × *bumalda* 'Gold Mound'	蔷薇科, 绣线菊属	夏（6～8月）
43	喷雪花	*Spiraea thunbergii*	蔷薇科, 绣线菊属	春（3～4月）
44	水果蓝	*Teucrium fruitcans*	唇形科, 石蚕属	春（4～5月）
45	厚皮香	*Ternstroemia gymnanthera*	山茶科, 厚皮香属	观叶
46	地中海荚蒾	*Viburnum tinus*	忍冬科, 荚蒾属	冬、春（11月～翌年4月）, 观叶
47	穗花牡荆	*Vitex agnus-castus*	马鞭草科, 牡荆属	夏（7～9月）
48	锦带花	*Weigela florida*	忍冬科, 锦带花属	春（5～6月）
49	花叶锦带花	*Weigela florida* 'Varegata'	忍冬科, 锦带花属	春（5月）, 观叶
50	胡椒木	*Zanthoxylum piperitum*	芸香科, 花椒属	观叶

3.2.4 观赏草

观赏草是以茎秆、叶序和花序为主要观赏部位的多年生草本植物的统称，以禾本科植物为主，也包括莎草科、灯心草科等植物。在花境中，观赏草类以其叶色呈季相变化、穗状花序随风摇曳，成为秋季花境营造的重要材料。也常作为骨架植物，或与其他宿根花卉配置，丰富花境景观（表3-4）。

表3-4 江南花境常用观赏草种类

序号	中文名	学名	科属	花期/观赏部位	株高/cm
1	丽蚌草	*Arrhenatherum elatius* var. *tuberosum*	禾本科，燕麦草属	夏（6～7月）	10～30
2	花叶芦竹	*Arundo donax* var. *versicolor*	禾本科，芦竹属	秋（9～12月）	200～600
3	凌风草（小盼草）	*Briza media*	禾本科，凌风草属	夏（7～9月）	40～60
4	拂子茅	*Calamagrostis epigeios*	禾本科，拂子茅属	夏、秋（6～9月）	40～100
5	棕叶薹草	*Carex buchananii*	莎草科，薹草属	秋（9～10月）	20～30
6	细叶薹草	*Carex teinogyna*	莎草科，薹草属	秋（9～10月）	30～50
7	蒲苇	*Cortaderia selloana*	禾本科，蒲苇属	夏、秋（8～11月）	100～300
8	花叶蒲苇	*Cortaderia selloana* 'Silver Comet'	禾本科，蒲苇属	夏、秋（8～11月）	80～250
9	旱伞草	*Cyperus alternifolius*	莎草科，莎草属	夏、秋（8～11月）	40～160
10	香茅（柠檬草）	*Cymbopogon citratus*	禾本科，香茅属	夏、秋（7～10月）	60～120
11	画眉草	*Eragrostis pilosa*	禾本科，画眉草属	夏、秋（7～10月）	30～60
12	蓝羊茅	*Festuca amethystine* 'Superba'	禾本科，羊茅属	春、夏（5～8月）	15～35
13	坡地毛冠草（糖蜜草）	*Melinis minutiflora*	禾本科，糖蜜草属	夏、秋（7～10月）	15～40
14	玲珑芒	*Miscanthus sinensis* 'Adagio'	禾本科，芒属	夏、秋（7～10月）	40～100
15	细叶芒	*Miscanthus sinensis* 'Gracillimus'	禾本科，芒属	夏、秋（7～10月）	40～120
16	晨光芒	*Miscanthus sinensis* 'Morning Light'	禾本科，芒属	夏、秋（7～10月）	60～150
17	斑叶芒	*Miscanthus sinensis* 'Zebrinus'	禾本科，芒属	夏、秋（7～10月）	50～120
18	毛芒乱子草	*Muhlenbergia capillaris*	禾本科，乱子草属	秋（9～11月）	40～100
19	重金属柳枝稷	*Panicum virgatum* 'Heavy Metal'	禾本科，黍属	夏、秋（6～10月）	80～150
20	小兔子狼尾草	*Pennisetum alopecuroides* 'Little Bunny'	禾本科，狼尾草属	夏、秋（8～11月）	15～30
21	紫御谷	*Pennisetum glaucum* 'Purple Majesty'	禾本科，狼尾草属	夏、秋（7～10月）	60～100
22	东方狼尾草	*Pennisetum orientale*	禾本科，狼尾草属	夏、秋（6～10月）	40～80
23	紫穗狼尾草	*Pennisetum orientale* 'Purple'	禾本科，狼尾草属	夏、秋（6～10月）	60～90
24	紫叶象草	*Pennisetum purpureum* 'Purple'	禾本科，狼尾草属	夏、秋（8～10月）	200～400
25	白美人狼尾草	*Pennisetum villosum* 'Longistylum'	禾本科，狼尾草属	夏、秋（6～10月）	50～90
26	细叶针茅	*Stipa lessingiana*	禾本科，针茅属	观叶	30～60

3.3 杭州花境植物选择比较与应用趋势

3.3.1 花境植物的前后十年比较

调查表明，2005年初至2006年4月，杭州花境共使用花卉材料188种。其中最多的是多年生花卉89种，占47.3%；其次为花灌木47种，占25%；一二年生植物40种，占21.3%；观赏草12种，占6.4%。

2014～2015年期间的调查表明，杭州花境中应用的园林植物种类达310种（含品种）。其中应用多年生球宿根花卉，共113种，占39%；其次为灌木97种，占31%；一二年生花卉48种，占16%；观赏草43种，占14%。灌木与宿根花卉共占比70%，可以看出杭州花境是以花灌木与宿根花卉为主要植物材料的混合花境。

从杭州城市绿地花境植物的应用变迁来看，2015年相比2005年，花境植物总数量增加了122种（表3-5），丰富度增加了近40%，去除不再使用的植物，实际新增151种（含品种）。其中，新增多年生球宿根花卉59种、花灌木50种、观赏草29种、一二年生花卉9种、藤本4种。增加种类中，以花灌木及多年生宿根植物种类的增加最为显著，这对于延长花境观赏期、丰富花境季相效果都有所助益。十年间，保持不变的植物种类有159种（含品种），其中以一二年生花卉最多，表明草本时花仍适用于杭州花境营建。

表3-5　2015年与2005年调查花境植物种类（含品种）数量比较

年份	一二年生花卉/种	球宿根花卉/种	藤本/种	灌木/种	观赏草/种	总数/种
2015	48	113	9	97	43	310
2005	40	89		47	12	188

注：1. 表中一二年生花卉数量含多年生作一二年生栽培。
2. 十年间保持不变的植物种类159种，其余为淘汰与新增品种。

从植物的分布来看，2004至2005年，菊科植物占比最高，占总数的15.4%；其次是唇形科植物，占总数的6.4%（图3-1）。2014至2015年的杭州花境中，植物涉及78个科223个属，其中观赏草增加明显，禾本科的占比最多，为35种（11.3%）；菊科29种，占总数9.4%；唇形科位于第三，为18种（5.8%）（图3-2）。

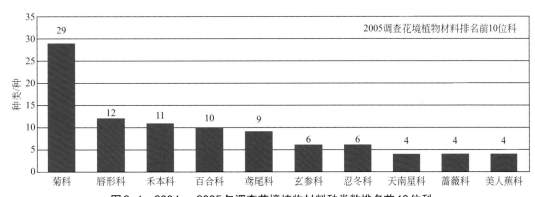

图3-1　2004～2005年调查花境植物材料种类数排名前10位科

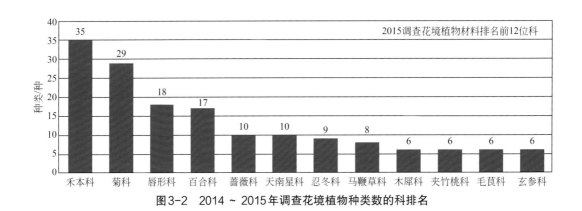

图3-2　2014～2015年调查花境植物种类数的科排名

3.3.2 花境植物应用的发展趋势

从杭州花境植物应用的十年变迁，并结合近年特点，可以看出发展趋势如下：

（1）关注园艺品种，品种多样化逐渐显现　许多在杭州适应性较好、抗性较强的园艺品种被应用到城市街头、公园花境之中，如'盛夏'松果菊品种以及众多的宿根花卉品种等。

（2）长花期、抗性强的品种日益重要　杭州气候夏季温度高、湿度大，对于花境植物的耐湿热性要求较高，因此选择花期长且在夏、秋季仍有良好表现的植物，如黄金菊、金光菊、紫松果菊、紫娇花、美女樱、常绿萱草等，这也是今后的材料选择方向。

（3）灌木类增加种类多，灌木使用的频度亦增加　灌木能够保证秋、冬季的花境仍有景可看，因此在杭州花境中占据了很大比例。新增的常绿灌木有滨柃、厚皮香、冬茶梅、六道木等，彩叶效果的有火焰南天竹、'黑色蕾丝'接骨木等。在杭州时常阴雨的天气里，金叶类灌木能够表现出明亮的色彩，提亮视觉色彩明度，因此，此类灌木增加明显，常见的有花叶锦带花、金叶假连翘、花叶香桃木、'金宝石'冬青、花叶柊树、黄金枸骨、金叶素馨等。从适应性角度，混合花境更适合亚热带气候条件的杭州花境。

（4）观赏草日渐受到喜爱，新品种丰富多样　观赏草的株形开展，能够充盈花境的立体空间，令人感受到饱满、充实的体量感，同时又富有野趣；其抗性强，且在秋、冬季表现效果极佳。观赏草增加的种类多为紫叶、红叶、花叶及花序独特的类型，紫叶、斑叶、花叶、白穗、紫穗等多样的观赏特性都极大地丰富了花境景观。

（5）表现竖向线条的植物及阔叶类增多　近年来对于自然化、生态化理念的提倡，花境植物材料不再一味追求花大、成片的效果，而是直立花序的鼠尾草类、老鼠簕等植物被运用在了杭州的花境之中，十年前已加以使用的毛地黄、金鱼草、飞燕草等表现竖向线条的花境植物仍然在杭州花境中占据一席之地，可见丰富花境的立面变化仍是花境设计关注要点。另一方面，阔叶类植物也增多，但种类依然较少。近年引种甚多的彩叶类矾根属植物就是阔叶类植物的典型代表，尤其在林下、半阴等环境下会绽放出绚烂的色彩。

第4章 园林花境的色彩设计

花境不仅是一个绿意盎然的自然，更是一个缤纷绚烂的色彩世界。自然美妙的色彩刺激和感染着人的视觉和情感，提供给人们丰富的视觉空间。花境的色彩设计是一门艺术，最能体现植物配置的艺术风采。

4.1 色彩的属性

瑞士色彩学家伊顿提出："如果你能不知不觉地创作出色彩的杰作来，那么你创作时就不需要色彩知识。但是，如果你不能从没有色彩知识的状态中创作出色彩的杰作来，那么你就应该去寻求色彩知识……"

"色彩是破碎了的光……太阳的光与地球相撞，破碎分散，因而使整个地球形成美丽的色彩……"（小林秀雄，日本）或许人们对色彩的最初认识来源于朴素的视觉体验，但现代物理学证实，色彩是光刺激眼睛再传到大脑的视觉中枢而产生的一种感觉。

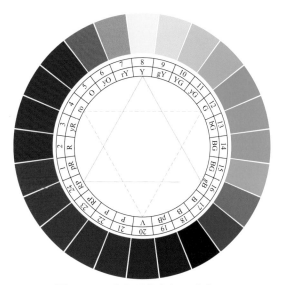

图4-1 日本色研体表色24色相环

平时看到的颜料的颜色、动植物的颜色均为物体色，是光源色经过不发光物体的吸收、反射而反映到视觉中的光色感受。色彩分为无彩色、有彩色与光泽色三大类，无彩色包括黑、白、灰色，其中黑白两色在色带中分别处于两端，也称极色；有彩色是有冷暖倾向的色彩，除了纯色，还有清色、暗色、浊色之分，分别指纯色加白、纯色加黑、纯色加灰而形成的色彩；光泽色主要指金、银色。

色相、明度、纯度是色彩三要素。参照日本色彩研究体系（P.C.C.S），包括24色相环（图4-1）、明度色调区域位置图（图4-2）和纯度色阶表（表4-1），可以精确地表示色彩，如"2R-4.5-9S"，由色相

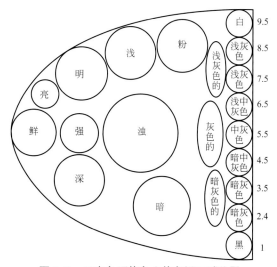

图4-2 日本色研体色立体色调区域位置

环得知"2R"为红色，"4.5"表示暗中灰色，"9S"表示最高的纯度，可以得出该颜色为鲜红色。了解色彩的属性，在花境营造中可以更为全面、科学、直观地表述色彩概念。

表4-1 日本色研表色体系的纯度色阶表

序号	名称	彩度色阶	色调缩写	序号	名称	彩度色阶	色调缩写
1	鲜的（vivid）	9S	v	7	浊的（dull）	5S、6S	d
2	明的（bright）	7S、8S	b	8	暗的（dark）	5S、6S	dk
3	亮的（high bright）	7S、8S	hb	9	浅的（pale）	1S～4S	p
4	强的（strong）	7S、8S	s	10	浅灰的（light grayish）	1S～4S	ltg
5	深的（deep）	7S、8S	dp	11	灰的（grayish）	1S～4S	g
6	浅的（light）	5S、6S	lt	12	暗灰的(dark grayish)	1S～4S	dkg

图4-3 白色使花境变得明亮

图4-4 白色中点缀粉红丰富色彩

花境中纯色较少，因为花朵受其形状、阴影、材质等因素影响，常混合了多种色调。理解色彩的清色、暗色、浊色的产生原因，可以更好地把握并利用花朵的阴影。同时，花境中不存在极色，植物本身不可能只有唯一的一种颜色，以纯白色为例，一般常微泛着苹果绿、米黄或粉红的光泽，如果一个花境仅有白色而别无他色，则毫无生机，不免使人产生悲凉之感（Jenny Hendy，2000）。事实上，白色是一种很复杂的颜色，严格来说它不是一种颜色，而是所有颜色的混合。尽管理论上白色是无彩色，但在花境中，由于光照的变化以及簇叶的衬托，白色的运用效果妙不可言。

白色寓意着纯洁、高雅和无瑕，它可以营造宁静、和平的环境。在荫蔽处，它会使阴暗的花境变得明亮起来（图4-3）；在晚上能熠熠发光，而且白色植物一般在晚上能芳香怡人。设计一个白色花境时可以使用亮白、灰白、乳白等多种白色，在阳光充足的花境中，白色花在银色、灰色和蓝色叶的陪衬下显得娇妍夺目；也可适量地搭配其他色调，在白色花境中加入一些鲜艳的颜色如红色或蓝色，还能吸引游客的目光，增强花境的魅力（图4-4）。

4.2　色彩的调和

　　目前，最为广泛使用的色彩概念是三原色，是指不能再分解的基本色，它能合成其他色，但其他色不能还原出原色。以往的美术教学中，将红、黄、蓝定为三原色，但是1802年生理学家托马斯·扬根据人眼的视觉生理特征提出了新的色光三原色理论，这种理论又被物理学家马克思·韦尔证实：原色有色光三原色和颜料三原色两种类型，色光三原色为红、绿、蓝，颜料三原色为品红、黄、青。源于此基础上的补色原理，弥补了"红、黄、蓝三原色"无法实现所有调色的弊端，它可以创造出一个丰富多变的色彩王国。

　　色彩的协调与对比源于补色原理，其中间色是由两个原色等比混合所得的颜色，为橙（品红＋黄）、绿（黄＋青）、紫（青＋品红）；复色是两个间色或一种原色和其对应的间色相混合所得的颜色。同类色是指色相相同、明度不同的色，或以某一色为主，包含微量的其他色；某色与该色的复色互为类似色；此外，原色和对应的间色在色环中成180°角，互为补色；在色环中大于90°小于180°的颜色互为对比色。明确色相环上各种颜色之间的关系，能更好地区分色彩的对比与协调关系，从而正确引导花境的色彩配置。

　　在花境的色彩设计时，我们首先想到绿色。绿色是庭园中最普遍的颜色，也最容易被忽视，但其在自然花境中功不可没。绿色千变万化：绿叶可带橙色、粉色、红色或紫色；也可能呈明显的淡灰蓝色或蓝色；当绿色与黄色调和时，产生亮石灰色或酸性颜色；如果绿叶被有蜡质、微毛或茸毛时，绿色就更加变化多端。利用不同纯度、不同饱和度、不同明度的绿色即可配置出自然和谐的生态花境；而绿色作为黄绿色或黄色等近似色的陪衬色时，也可以使同色调的花境更加生动（图4-5）。

　　人们通常以"红花绿叶"来描述自然植物，"姹紫嫣红"则常用来形容花卉世界的缤纷绚丽，由此可见红色是自然界中除绿色外最被认可的。在调和色的配置中，红色系的植物可以与相近的粉色或者紫色搭配，均属于复色或类似色搭配，协调而不会产生色彩冲突。通常，在鲜红色或深红色中用粉色加以点缀，会使整个花境色调明度增加，观赏效果倍增；而与其他冷色调或无彩色如深蓝、紫色、银色、白色以及淡柠檬黄搭配时，则表现出十分传统的色彩。红色加白而形成的粉色在常绿树篱的烘托下，更加亮丽；红色与橙色搭配，令人赏心悦目；红色与玲珑剔透的白花和银叶搭配，极具浪漫色彩（图4-6）。

　　紫色、蓝色是红色中增加蓝原色成分后明度相应降低的色彩。在花境中，蓝色与紫色极为相近，更多的时候表现的是蓝紫色，正因为蓝紫色的兼容性，所以表现为一种相对暗淡却又充满活力的颜色，赋予了花境双重色彩。花境中，蓝紫色植物适宜于多种植物配置。在以

图4-5　不同绿色形式在花境中的表现

图4-6　以红为主色调的植物搭配

图4-7　美国康涅狄格州柔和淡雅的花境

它们为主体色彩的花境中，突出白色与粉色，会增加花境的亮度，让人感到凉爽和清静，表现出轻柔而优雅的特征。

美国康涅狄格州（Connecticut）有一处自然花境（图4-7），设计者为劳拉·路易丝·福斯特（Laura Louise Foster）和林肯（H. Lincoln）。他们利用屋前坡地的有利地势营造了一个自然林间花境，遍地山花烂漫、林间野趣横生的画面让人心驰神往。宿根福禄考丰富品种的充分利用，为这个单一花境增色不少，淡粉色、粉色到蓝粉色的各类福禄考品种无一不展示了整幅画面的柔和淡雅。这一花境以粉紫色为主调，选择相近的颜色作为陪衬，点缀少许的红色，在油绿的嫩叶的映衬下显得更加悠然和谐。

单一色调的花境设计似乎很简单，但真正做起来并不是想象中那么容易。因为颜色的变化是多种多样的，而且不是所有的组合都是和谐的。现实中，单一色调的花境很少见，但由于花朵还有叶子相衬，所以原本并不协调的两种颜色在同一个花境中使用也未必不可，或许还能搭配得十分和谐。成片布置是展现单一花境风采的较好表现形式，它使色彩的饱和度增加，体现了花境的规模与气势，给人心旷神怡的感觉。

混植白斑、银色、灰色和紫色叶植物，可引发人们的观叶情趣。浅蓝与深蓝色均能很好地与轻淡的颜色搭配，但若过多使用蓝色会破坏花境柔和的整体效果。

4.3　色彩的对比

人们对色彩的偏爱还受制于时尚潮流（Graham Stuart Thomas，1984）。如今现代化气息浓郁，人们对色彩的应用更加大胆开放，对比色在花境中的应用极为常见，很多时候甚至超过调和色的使用。

绿色在花境中占有极其重要的地位，然而在自然界中，除禾本科植物和其他风媒植物外，开绿色花的植物极为罕见。因此绿叶显得尤为重要，通常浓绿色是大多数花色尤其是红色等对比色的完美映衬者。

　　自然界中，黄色与绿色极为贴近，尤其是黄绿色常介于两者之间，许多观叶植物像金叶金线蒲、金边龙舌兰、黄斑大吴风草、花叶蔓长春等正是因为有黄色斑纹而显得色泽丰富，观赏价值提高。花境材料中，开黄花的植物较多，而且色调变化丰富，选择幅度大，易与多种植物搭配。黄色与白色、绿色的搭配显得清爽，与红色、鲜橙色的搭配则十分醒目，两者均属于调和色的搭配，不失为漂亮的组合（图4-8）。

　　黄色在花境中的优势更体现在与对比色的搭配应用中。在富有现代气息的设计中，黄色与蓝色的搭配能使色彩更加鲜艳夺目，使花境更富有活力；黄色与蓝色是一组对比色，在花境中混合配置，能增强彼此的色彩效果，构成鲜明、整洁、美观的花境轮廓，使人精神振奋；而增添白色、银色等植物，则更能突显这一组合。当然，在花境中不要过多地采用这样的组合，千篇一律会造成乏味。黄色在其他紫色花或紫色叶的陪衬下，也具有被强化的效果。

　　与上一组合类似，浅橙色和暗橙色与蓝紫色或蓝灰色叶的搭配具有同样增强色彩效果的作用。金黄色、纯橙色、暖色调的橙红色与纯蓝色的搭配也可以产生新鲜、充满活力的效果；青铜色和紫绿色叶也是纯橙色的很好的互补色。当没有足够的开花植物时用紫叶植物代替，对花能起到很好的衬托作用，并能增强游人的兴趣。在紫色花境中，带有灰色和银色叶子的植物对花也能衬托，使紫色花境看起来更鲜亮；而白色能突显紫色与黄色的组合（图4-9）。

　　色彩原理中，黄色与粉色的组合则有悖常规，因此在花境中用冷暖两段的粉色如蓝粉色与黄粉色相邻搭配的效果通常不佳，可用深紫色来过渡（图4-10）。但是鲑肉色与黄色的搭配却因色彩的明度提高而对比明显，能产生意想不到的效果。

图4-8　洋水仙的鲜黄点亮绿色空间

图4-9　白色能突显紫色与黄色的组合

图4-10　黄色与粉色组合，以紫色过渡

图4-11 红紫搭配，引人注目

花境的色彩设计中，紫色、蓝紫色与红色的搭配是最有争议的。红色与紫色在色相环中彼此邻近，常被认为是调和色，但两种色调的范围都很广；从色相环上看，纯红色与纯紫色构成的角度大于90°，又是对比色。针对这一矛盾，也不必要刻意执着于色调理论，关键在于实践应用中产生的效果。而且，相同的几种色彩在不同的组合形式下，表现结果也不同，如紫色的一串蓝与鲜红色的百日草搭配的花境更显生机勃勃、对比鲜明、引人注目（图4-11）。减少紫色和红色的纯度，或减少彼此的用量，就成为淡紫色和粉色的组合，表现得自然柔和。

4.4　色彩的混合

色彩之所以丰富，是因为用不同的色彩配置可以产生多种多样的结果。色彩的混合有三种形式，即加色法混合、减色法混合和空间混合。加色混合是色光三原色混合，明度增加，改变三原色的混合比例，可合成所有颜色；减色混合是颜料三原色相加，明度减弱，由于颜料中含有多种杂质，饱和度较低，因而不可能调配出所有的颜色。花境的营造中，若要预见其最后的景观色彩效果，可以在计算机或调色板上进行模拟。

色彩空间混合，是在人眼内部进行的加色混合，人从一定距离观看面积微小的并置的色块，会因为空间距离和视觉生理的限制，在眼中混合产生新的颜色。在视距一定的情况下，面积较大的色块的混成色闪烁不定，而面积较小的则安定均匀；色块面积确定的条件下，距离近则混成色闪烁不定；并置混合中，色差小的色混成色较均匀，色差大的色则混成色较耀眼。例如，橙色一般以绿色作陪衬，但在夏季，光照强烈以及色块面积过大的原因会导致色彩过于耀眼，效果常不佳。避免花境在夏季使人眼花缭乱的明智做法，是大量配置阔叶植物以及天蓝色或灰绿色的植物，利用视觉生理柔化空间混合色彩。又如，灰绿色、全黄色和具黄斑叶的草本植物和落叶灌木能产生光斑的效果，如增加一些白花植物，使色彩组合显得平和。掌握色彩的混合原理，尤其是色彩空间混合，有助于营造花境丰富多彩而又特定的视觉效果，营造出强烈的色彩和情绪氛围。

图4-12所示为夏季草坪花境，观赏草是该花境的焦点，斑叶芒放射状黄绿色的叶丛在侧光照射下勾勒出独特的姿态与质地；

图4-12　典型的夏季草坪花境

花叶玉簪的宽大叶片奠定了绿色基调，并柔化混合色彩带来的繁杂；紫松果菊和蛇鞭菊的紫红色花序在绿色背景下活泼迷人，使花境顿生趣味；对景处围绕的各色缤纷花团则勾勒出了花境的整体轮廓。整个花境的色彩比重平衡、明暗对比协调，是夏季花境的成功范例。

4.5 色彩的心理

人们长期持续地生活在充满色彩的世界里，人的视觉无时无刻与色彩发生作用，人们在观察物体时往往最容易记住色彩，当色彩以不同光强度和不同波长作用于视觉系统时，会产生一系列的心理、生理反应，这些反应会与以往的经验相对应，做出诸如情感、意志、情绪方面的心理反应和变化。色彩的这些特征被色彩学家们利用，同样，花境的营造也需要妥善处理色彩与心理的关系。

大自然的色彩熏陶是人类形成色彩感情的最根本、最重要的基础条件。色彩的象征性既是历史积淀的特殊文化结晶，也是约定俗成的文化现象，又是生存于同一时空氛围中的人们共同遵循的色彩尺度。不同的色彩被赋予了不同的象征意义，如紫色是高贵的颜色。唐朝的中国，定公服颜色为四等：一至三品服紫，四至五品服绯，六至七品服绿，八至九品服青。在欧洲自罗马时代起，色彩逐渐开始被用于区分阶级、等级，尤以紫色为甚。紫色通常象征着雍容华贵，它是红色和蓝色的混合色，不及红色的热烈却显得庄重，没有蓝色的忧郁更显典雅，它使人舒适，并且与其他颜色搭配都比较协调。此外，暖色、明度高的、纯度高的、质地细密有光泽的色彩也能使人感觉华丽，反之感觉朴素。

由于时代、地域、民族、历史、宗教、文化背景、阶层地位以及政治信仰等因素，色彩的象征意义有了共性；而个人年龄和性别、经验和阅历、性格与脾气、文化与素养又导致了人对色彩的感受、记忆、理解、分析的个性差异。歌德把色彩划分为主动的色彩（如红、黄、橙、朱红等）和被动的色彩（如红蓝、蓝红、蓝等）。主动的色彩能够产生一种积极的、有生命力的和努力进取的作用；而被动的色彩则适合表现那种不安的、温柔的和向往的情绪（表4-2）。

表4-2　色彩的联想调查表

色彩	具体的联想	抽象的情感
红	火、血、太阳	喜气、热忱、青春、警告
橙	柳橙、秋叶	温暖、健康、喜欢、和谐
黄	橙光、闪电	光明、希望、快乐、富贵
绿	大地、草原	和平、安全、成长、新鲜
蓝	天空、海洋	平静、科技、理智、速度
紫	葡萄、菖蒲	优雅、高贵、细腻、神秘
黑	暗夜、炭	严肃、刚毅、法律、信仰
白	云、雪	纯洁、神圣、安静、光明
灰	水泥、鼠	平凡、谦和、失意、中庸

色彩所传达出的表征性内容有普遍的意义和表达价值，设计者可以利用色彩或调动人的情绪高昂，或让人的情绪平静下来，或让人充满向往与希望。为此，明确各种色彩的寓意，掌握人们对于不同色彩的心理反应，能提高设计中对色彩的驾驭能力，在花境的营造中更能体现"人本主义"。

例如，人们常把红色与强烈的感情、火热的激情、爱和愤怒联系在一起，亮红色非常引人注目，尤其在绿色的陪衬下，更为醒目和热烈，因此在安闲恬静的休息区，不宜全用红色；而鲜红色与樱桃粉色的组合令人精神振奋。黄色使人联想到日光，是快乐、灿烂的颜色，它给人以春天的气息，能净化人的心灵，因此在花境的阴暗处配置黄色，可活跃气氛，使人感到愉快，与其他颜色一样，黄色也有不足，在完全光照下，全黄色花境色彩太浓，给人以超重的感觉，可以用深蓝色花、鲜红色花以及浓绿色叶、淡蓝色叶作补色，使色彩协调，给人清新自然的感觉（图4-13）。

图4-13　花卉色彩搭配产生不同的心理感受

4.6　色彩的冷暖

根据试验心理学派的测试报告，在不同色光的照射下，人的肌肉机能、血液循环可产生不同的反应，人的温度感觉、血液循环速度、血压、脉搏在红色环境中升高，在蓝色环境中降低。此外，色彩的冷暖感还与人的心理联想息息相通，人们看到红橙色就联想到太阳、火焰，因而感到温暖（图4-14）；看到蓝色、紫色则联想到大海、天空，因而感到凉爽（图4-15）。

色彩的冷暖倾向主要由色相差别所决定。橙色为暖极色，红、黄为暖色，红紫、黄绿为中性微暖色，紫、绿为中性微冷色，蓝绿、蓝紫为冷色，蓝色为冷极色。另外，冷暖感是具有相对性的，一切冷暖感均来自不同色的组合对比，因而不能孤立地判断色彩的冷暖。在无彩色系中，一般白色呈冷感，黑、灰色具有中性感，但当它们与其他色彩并置时，也会产生一定的冷暖感。

在以橙色为主调的花境色彩设计中，点缀鲜红色和金色，也许寓意着干旱和炎热，而在秋季柔和的光照下，各种深浅不同的橙色，无论是叶、浆果和花的色彩都显得那么鲜艳，使人感觉温暖。

黄色是暖色或冷色取决于在其中添加多少红色。黄色有两种：偏橙色和偏绿色。橘黄和金黄是暖色，后者偏冷。如果在暖色中添加白色，那么呈现的就是桃色和奶色。比较轻柔、稍稍有点绿的黄色就偏冷，而应用红色、橙色和青铜色作补色，可给人以热情和温暖。

蓝色也有两种，和红色混合在一起时形成紫罗兰色，比较温和；另一方面，蓝色越暗则越冷，纯蓝是一种冷色，它在夜幕降临后可以发出幽暗的冷光。所以，花境的色彩配置中，不能过多使用蓝色。以淡紫色、银叶或灰叶植物配置时，能产生安闲恬静感（图4-16），但大片紫色叶的灌木丛显得忧郁凝重，给人感觉太阴沉，此时，可以通过添加绿叶来改善，或者因为黄色与白色可调配出各种米色，利用这些柔和的色彩能减轻紫色和深蓝色的沉重感觉。

图4-14　橙色花境给人温暖的感觉

图4-15　蓝紫色花境使人感到凉爽

图4-16　绿、粉、白搭配使蓝紫色更为淡雅

4.7 色彩的进退

　　空间混合原理中，空间感的概念在设计师眼里有着特殊的理解，线、面、肌理、虚实、黑、白、灰、前后的叠加以及大小等均是构成视觉空间的要素，而色彩是通过其在空气中的辐射、传播、吸收与反射，构成了视觉中的色彩空间。色彩构成的空间感表现，主要利用色彩明暗的对比层次，利用形与色的排列转折、大小、弯曲，借助形的秩序节奏，有意识地造成凹凸、深远的空间纵深，甚至可以利用人的视觉错觉，造成视幻的矛盾空间和假想空间。如近的物体色彩鲜艳、明度对比弱且色相模糊，这是最朴素、最基本的色彩空间感觉。设计花境时可以巧妙地利用这一原理，对花境色彩进行综合或局部的调整（图4-17）。

　　利用色彩的进退关系，可以营造花境空间扩增的视觉效果。比如，在花境的一端种植柔和的蓝色和烟灰色植物，使人想起那被蒙上薄雾的远山，可以使空间距离感觉增大，而淡紫色、紫红色、淡粉红色、白色等柔和而冷淡的色彩，以及温和的杏黄色都会让人感觉在距离上有后退的倾向，尤其是当有鲜明的前景色对比的时候。英国的花境设计师杰基尔女士喜欢在一个长长的花境中依序布置清晰的蓝色、柔和的蓝灰色、白色、淡黄色和清新的淡粉色，

图4-17　花境色彩的空间调整

　　在大尺度花境中，将冷色调植物前置而将暖色调植物后移，使冷暖色调的视觉感受形成进退关系，整体变得和谐

然后布置更丰富的黄色、橙色和红色，达到色彩的高潮，这也正是利用了色彩的进退原理（图4-18）。当然，在较短的花境中采用这种色彩布置方案就会显得勉强；但是如果改变色彩的比例，并精心打理各个细节仍然可以很完美。

在花境配置中，色彩的进退还会因为光线的变化而产生。一种色彩在强烈的光照下与在阴暗处不同，而且受各种背景、前景及周围环境的影响。粉色、白色等色彩在微弱的光线下会产生某种特别程度的光亮，十分清晰。亮鲑肉色很难搭配，而当其处在冷色调如白色、净蓝色和灰绿色的环境中，却恰到好处，这也是因为亮鲑肉色与这些色彩同样具备了受光线影响这一特性，使彼此间的搭配和谐完美。

意识到色彩的进退关系，还可以正确地布置花境中主色调植物的位置。譬如，两个以上的同形同面积的不同色彩，在相同的背景衬托下，给人的感觉是不一样的。在白色背景的衬托下，感觉红色比蓝色离我们近，而且红色色块比蓝色大；同样，在灰色背景的衬托下，感觉色彩明度大的植物比暗色调植物离我们近。在花境中，暖黄色应占绝对优势，否则要谨慎使用。在设计中，如果没有其他颜色的花，就应将黄色安置在花境中央，这样游人就不太容易注意到花境中缺少的颜色。而如将蓝色花置于花境中央，则易使花境因缺少其他色彩而显得单调。

图4-18　从清新的蓝色、粉色再过渡到丰富的黄色和紫红，花境色彩进退感强

4.8 色彩的动感

　　和谐的色彩如同一曲动人的旋律，其组合的美、节奏的美、韵味的美，让人感觉极富动感。如在图4-19的画面中，让人感觉到一种强烈的、有力的现代摇滚音乐的节奏；图4-20则是一幅充满抒情委婉节奏的画面，我们仿佛听到了涔涔的流水声，感觉到了习习的微风。从这组图中可以看出，鲜艳、纯度高、对比大的色彩明显感觉强烈、节奏有力；而淡雅、纯度低、对比小的色彩感觉就比较舒缓，委婉细腻。

　　色彩与音乐可以彼此借喻、相得益彰，花境的动感也可以由此借鉴。比如，深紫色与其他浓艳的颜色如鲜红色、深红色和深蓝色组合产生激昂的动感情绪，极富戏剧性，在光斑下效果尤为显著，如果再增加银色和少量米黄色或白色，可以让色彩明亮起来，显得轻松、浪漫。

图4-19　强烈的色彩对比感觉跳动

图4-20　柔和的色彩对比感觉委婉

园林花境的立面设计与季相分析

5.1 花境立面景观的构图法则

　　通常把花境的比例尺度、高低层次、远近层次、疏密布局以及节奏韵律称为花境的立面景观，或称之为花境的空间景观。然而，纵使花境有黛绿的常青树、烂漫的山花、馥郁的花香，可以引来纷飞的彩蝶，但始终无法实现"芥子纳须弥""万景天全"的景致，因此，用立面景观一词更加贴切。

　　古希腊数学家、哲学家毕达哥拉斯创造了1∶0.618的"黄金分割比"，称为最美的线段，他认为美是数的比例构成的。事实上，优美的比例是纯理性的，而不是直觉的产物。每一个对象都有潜在于本身之中的比例，比例是美的基础。和比例密切相关的另一个特性是尺度。尺度是人与物的对比关系，一般对比要素给予人们的视觉尺寸与真实尺寸一致时，是正常的尺度。

　　花境同样遵循着上述原则。但体现在园林景致上的比例，难以用精确的数字来表达，人们常用审美经验来感觉。恰当的比例体现美丽的景致，通常一个花境的长度和宽度应最少是其中最高植物高度两倍以上，这是一个和谐的比例。任何一种景物在特定环境中应有特定的尺度，花境的营造同样需要合适的尺度，这就需要花境中的每一丛、每一株植物具有良好的比例，而花境中的植物组群应在整个花境中有着合适的尺度。当然，此法则在花境配置中应灵活掌握。所谓"增之一分则太长，减之一分则太短"，合理的比例与尺度就是恰到好处。掌握比例与尺度的合理运用，有助于花境的艺术构图。

5.2 花境的景观层次

　　花境的层次模式通常可分为三层，即前景、中景、背景，也称为近景、中景、远景。相对而言，中景的位置宜于构成主景，远景或背景是用来衬托主景的，而前景则用来装点画面。不论远景与近景或前景与背景，都能起到增加空间层次的作用，能使花境景观丰富而不单薄（图5-1、图5-2）。

　　对一个带有背景的花境来讲，总的原则是把最高的植物种在后面，最矮的植株种在前面或四周。

图5-1　向日葵营造植物空间的竖向效果

图5-2　利用不同宿根花卉的自然株形高差，形成花境植物景观层次

在混合花境中，通常以花灌木作为背景植物；中景多利用种类丰富的宿根花卉，将具有总状花序的高性种与株形开展的低矮植物合理搭配；而一二年生花卉最适宜弥补花境的空缺，由于其花团锦簇、色彩丰富，最适宜作为花境的前景材料，而且如有配置不当，重新种植更换也十分方便。

　　但如盲目遵从以上原则，则易形成植物按高低顺序排列，呆板如同合唱团，令人乏味。同时，过于整齐的排列易使视线立即移到花境的尽头，显得一览无余，趣味索然。适当地把一些高茎植物前移，花境的整体形象就显得层次分明而错落有致。一些观赏草等高性种植物，纤细高挑、疏影婆娑而给人一种朦胧美，置于前景可打破花境边缘呆板的线条，使花境更富有跳动感（图5-3）。

图5-3　将高性种前移，株形对比强烈，富有跳动感

明代的计成在《园冶》中说："园巧于因借，精在体宜……"这是园景的布置手法，在花境配置中亦可借鉴。作为花境的整体背景，"俗则屏之，嘉则收之"，适当地借景，可以突显花境的景观，增加其层次感。

5.3 花境的疏密布局

在平面构成原理中，物象在图中的位置不可太偏，但也不可太正，位于画面约三分之一处，最为美观。两个以上物体，三点一线太呆板，三点分散太零乱，必须有规则而又有变化，两个重叠放置三分之一处，另一个放远点，赋予巧妙变化；两个以上物象，必须互相照应，不可左右反背；数个物象布置，高低进出，宜参差变化，注意画面的均衡。艺术家丰子恺说，画面勿用物象填满，宜有空地，则爽朗空灵。

此外，园林中构图的艺术性很大部分是依靠韵律和节奏来实现的。韵律是一种有规律的变化，简单有力、刚柔并济，而节奏变化复杂，能使人产生高山流水的意境，两者都能使构图产生美感。

借鉴这一原则，花境在成丛种植时，植株数最好是奇数，或许在种植同一类植物超过9株时，这条规则并不重要，但种3株或5株时就比种4株或6株易于布置（Richard Bird，2003）。植物看似随机地一丛丛地种植，在花境中就能达到一种自然的效果（图5-4）。要达到最佳效果，最重要的一条就是要一簇簇、一丛丛大片地种植同一种植物，而不要稀稀落落地分散交叉种植（图5-5）。偶尔也需要有株形独特的植株来打破紧凑的局面，利用其伸展的空间，给花境留白，或许还能成为小框景，自然显得更生动活泼。

虽然色彩是花境里首先被注意到的明显特征，但植物的形状和轮廓在一个好的花境设计中也起着重要作用。利用植物的外形能创造多姿多彩的花境，而每一种形状的植物在整体设计中扮演着相似的角色。高耸直立型的植物将人们的目光引向上方，容易引起注意，尤其在带状花境中可排列着重复使用。低矮的植物，如铺地生长的具有精巧外形的植物容易让视线很快越过，完美地完成了为其他造型别致植物的连接过渡。如高大直立性的飞燕草属植物沿墙垣列植排开，构成整个立体花境的垂直面和外围轮廓，气势恢宏，且色彩淡雅；黄蓍草的

图5-4 花境植物的自然疏密搭配

图5-5 花境植物的成簇大丛种植

伞房花序有一种包容性，给人满足感，令人愉快，与高茎植物配植形成呼应（图5-6）。整体花境设计富有动感、平衡性与断续性。

　　或许，仅用矮生植物铺地，也是一种十分诱人的景致，但是整个花境都是这种布局就显得乏味了。花境中的观花植物通常一丛丛地种植，但如果在焦点区域配置一些造型别致的植物，或者人工化的立面布置，则能给人以震撼性的效果。或者，在花境中等距离栽种某种植物，可以形成一种韵律。可利用长叶或尖形叶的植物，如朱蕉和凤尾兰，或者具有垂直向上生长习性的植物，如德国鸢尾、挺拔的松柏（图5-7），甚至是一丛巨大的观赏草。或者，沿着花境长度通过多次重复某种色彩，或者重复使用一种植物的形状，都可以形成节奏韵律感。自然式的花境里，任何东西都可以混杂，这比太过规矩显得更有趣。

图5-6　直立型植物拉高轮廓，体现竖向

图5-7　针叶树与球根花卉间植，体现韵律

　　观赏草在花境中的应用是其乐无穷的，配置应用时应考虑株形、质地与动感。高大丛生的观赏草如芒类和蒲苇类等植物常可扮演背景或打破单调布局的角色（图5-8）；蔓生性观赏草可以有铺地的功效，在蜿蜒的小径上漫步，不时被铺散在路缘上的观赏草骚弄着，好不诱人；柔软的禾草在微风中摇曳，轻盈的姿态是如此优雅；造型独特、花序醒目的观赏草种植在花境群中，可以按一定的节奏韵律布置，极有动感，更赋予了花境生气（图5-9）。观赏草具有激活景观的潜质，在任何一个场所都不难发现合适它的位置，甚至是那些枯萎的茎秆被留在花境中时，可以延续整个冬季的风景。

图5-8　高大的观赏草成为构图中心

图5-9　丰富的观赏草品种构成花境

5.4 四季花境的季相分析

所谓季相，即一年中春夏秋冬的四季变化，产生了花开花落、叶展叶落等形态和色彩的变化，使植物出现了周期性的不同相貌（朱钧珍，2003）。"花枝招展色斑斓，绿荫如碧映荷塘，色叶飘香熏人眼，古干新枝舞蹁跹"的季相景观能给游人强烈而浓郁的大自然的生态美感。花境作为植物造景的重要形式具有更丰富的季相景观，它既遵循植物造景中季相景观的普遍设计原则，又具有自身独特的造景手法。

植物造景的最终目的，就是寻求一种朝夕黄昏之异、风雪雨雾之变、春夏秋冬之殊的丰富的景观。最好的花境是一个能收四时之烂漫的理想花境：春天，万物复苏，草木欣欣向荣，百花争艳，嫩绿的叶子清新怡人；夏天，花繁叶茂，葱郁葱葱；秋季，鲜艳夺目的花儿，灿灿发光的叶子，火红如焰的硕果都染上了金秋的色彩；冬天，还有一些花木屹立不倒，枝横如舞。最符合四时异景的理想花境特色的即混合花境。在一个有限的空间里，混合花境能做到春花烂漫、夏荫浓郁、秋色绚丽、冬景苍翠，永远充满魅力。

5.4.1 春季花境景观

春回大地，万物复苏。似乎刚才还觉得冬天的阴霾无处不在，此时"忽如一夜春风来，千树万树梨花开"，眨眼间花境已是五彩缤纷。早春时分，葡萄风信子、水仙、郁金香、银莲花、番红花等球根花卉破土而出，各种一二年生花卉和宿根花卉已鲜亮夺目，在阳光映照下，格外动人（图5-10）。此时的花灌木刚抽出新绿的嫩叶，更显出其勃勃生机。春季，百花齐放，可选择的植物种类与品种极其丰富，可营造出缤纷灿烂、生动活泼的怡人花境景观。

5.4.2 夏季花境景观

花境在夏季最美，看起来像色彩艳丽、纹理清晰的织锦（Terence Reeves-Smyth，2005）。大部分多年生花卉在春末初夏时，植株已生长成形，迷人的花朵开始展露风姿，色泽也由春季的清纯鲜嫩而变得斑斓夺目；花木在此时已枝繁叶茂、繁花似锦。

图5-11是英国庭园花境在八月份的季相景观，其迷人的魅力，让人感觉若能身临其境，必定流连忘返。庭园主人以冷色—暖色—冷色的色调安排顺序，利用丰富的花境植物材料，

图5-10 鲜亮夺目的春季花境

图5-11 繁花似锦的夏季花境

构建了一个杰基尔风格的混合花境：柔和淡雅的粉色花葵（*Lavatera cachemiriana*）、白色紫茉莉作为花境的开端；紧随其后的是色彩浓烈的金鸡菊和金光菊，明艳的黄色中配植了紫色婆婆纳，色彩的跳跃让人感受到花境的活泼；紫红色的红柄蓖麻相比玫瑰红的草花显得高大伟岸，橙红色的火炬花则亭亭玉立，同色的萱草在绿叶的衬托下也更显亮丽；延续其后的又是粉色的蒲公英和其他淡色的低矮花卉。整条花境高低起伏、色彩斑斓，花灌木、宿根花卉与丛生时花相互交替，共同演绎了热烈的夏日风情。

5.4.3 秋季花境景观

秋天给人的感觉是与众不同的，花境中除了缤纷的色彩，还有一片深沉、浓郁的金黄色，耀眼夺目、格外明艳。秋季许多菊科的宿根花卉竞相开颜，黑心菊、金光菊、蒲公英等暖色调植物给秋季带来了温暖（图5-12），众多具有无限花序的高性植物已亭亭玉立，一些春植类球根花卉如百合、秋水仙、孤挺花也为花境锦上添花，秋季的乔灌木披金带彩，金灿灿、红通通的硕果使花境更富魅力，再加上观赏草类的婀娜多姿和彩叶植物的斑驳陆离，更显花境的迷人。秋季花境展现的是成熟美，不仅色彩选择范围增加，而且植物个体的株形、丛形更加丰富，此时讲究的是花境的整体美，营造的是更具情趣的季相景观。

图5-12 温暖明艳的秋季花境

5.4.4 冬季花境景观

或许会认为冬季是万物休养生息的时候，但事实并非如此。冬季，大地深处万物都在积极酝酿、积蓄能量，虽然看起来一派肃杀、萧条的景象，但还是有很多的花木不失时机地吐蕊绽放，还有一些花木虽然没有了绿叶的呵护，但它们的枝干仍然让美丽丰姿一览无余（Richard Bird，2003）。

在混合花境中，一些冬季开花的花木可以种植在后面，因为它们在夏季十分单调，甚至凌乱不堪，所以在前几个季节中，有纷繁的鲜花为它们掩饰，待到冬季开花时，其他的花木也已枯萎凋零，它们就一枝独秀地展露风姿了（William Robinson，1984）。洁白的雪花攒积在花枝上，如同自生自灭的花朵，晶莹剔透、栩栩如生。冬季的花境，可利用特有的雪天条件，营造纯净、祥和、素雅的景观，大地一片银装素裹，富有诗意（图5-13）。同时，冬季需要

图5-13 别具风采的冬季花境

做好花境的养护工作，翻土、除草、施肥，为来年春季花境能更加精彩纷呈做准备。

　　冬天的花境景观定然不及夏季的绚丽多彩。冬季的焦点应集中在常绿植物上，表现其叶片的质地和变化多端的色彩，像多刺而有光泽的枸骨叶冬青、蓝色针状的铺地柏、鲜红色树皮的红瑞木等，为冬天增添了不少乐趣。我们不苛求四季有景，植物生生息息、循环往复的自然演替，正是四季花境的精彩之处。这是一个多彩的花境，也是一个多姿的花境，更是一个动态的花境。

　　花境季相景观的形成一方面在于植物种类的选择，另一方面在于色彩、结构、层次等方面的搭配手法。通过以下途径可以营造丰富的季相景观：①选择花期相同、花色不同的花木配植；②选择花色相同而花期不同的花木配植；③选择不同花色、不同花期的花木分层配植；④选择不同花色、不同花期的花木混栽；⑤选择不同叶色、叶形的花木进行配植，或是利用色彩的对比调和，或是利用植株层次变化等设计手法。

　　花境季相景观的营造是一个长期而富于变化的过程，只有将花境与周围环境相融合（图5-14），近期与远期景观相结合（图5-15），遵循统一多样性和可持续性的原则，才能绘出一幅幅丰富多变却又自然协调的优美景致。

图5-14　乔灌木结合以呈现四季花境景观

图5-15　常绿灌木应用以保证冬季季相

各论篇

骨架植物 Skeleton Plants

在花境营造中，对花境构图起结构性、框架性作用的植物。通常是以体量较大或株形较高大的灌木、小乔木，或大丛的宿根花卉、观赏草等作为骨架植物，在竖向上起重要作用。一般用于花境后景及中部核心位置，如以常绿植物为骨架，更能体现花境的可持续景观。

主调植物 Main Theme Plants

呈现花境主要色彩或主题风格的植物。通常以株形饱满、开花量大、色彩鲜明的多年生观花或观叶植物作为主调植物，在色彩上起主导作用。在花境营造中，是用量占比最大的主体植物材料。

填充植物 Filling plants

在花境中作为前景，或作为植物组团过渡的植物。通常以株形较低矮或蔓生的宿根花卉或一二年生花卉作为前景填充，并与草坪等形成自然衔接。通常以株形较为飘逸或色彩适宜的植物作为组团之间的过渡填充。

骨架植物	主调植物	填充植物
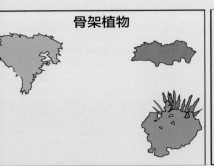		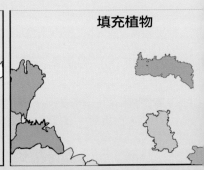

第6章 花境骨架植物

金叶大花六道木

图6-1 金叶大花六道木

学名：*Abelia × grandiflora* 'Francis Mason'

科属：忍冬科，六道木属

性状：常绿灌木

花期：6～11月

花色：粉白

株高：50～180cm

【原产与分布】自法国引进。大花六道木系糯米条与单花六道木的杂交种（*Abelia chinensis × Abelia uniflora*），原种在我国均有分布。

【习性与养护】喜温暖气候，耐寒，可忍受−10℃的低温。喜光，也耐阴，但在夏季要防止阳光过强灼伤叶片。生长快速，初期应保证水分充足，后期则应适当控水。抗性较强，常见病害有煤污病，发病时应摘除病叶，并喷施多菌灵等防治；及时除草，适期修剪，改善通风透光条件以抑制病虫害的发生。

【花境应用】金叶大花六道木（图6-1）枝叶婆娑，花淡雅别致，自春至秋开花络绎不绝，花期长，花量大，叶片在阳光照射下金黄亮丽，是优秀的观花观叶灌木（图6-2、图6-3）。成片种植于路缘、林缘，即能形成靓丽的单一花境；或在混合花境中用作主景或配景材料，凌冬不凋，与其他花灌木、多年生花卉如茵芋、宿根福禄考等配置皆宜，与其他色叶植物搭配亦相映成趣（图6-4）。

【可替换种】园艺品种如粉花六道木（*Abelia × grandiflora* 'Edward Goucher'）、花叶锦带花、花叶接骨木等。

图6-2 金叶大花六道木株丛

图6-3 金叶大花六道木花序

图6-4 与金边阔叶麦冬混植

花叶芦竹

学名：*Arundo donax* var. *versicolor*

科属：禾本科，芦竹属

别名：斑叶芦竹、彩叶芦竹

性状：多年生草本

观赏期：4～11月

叶色：斑白条纹

株高：1.5～3m

图6-5　花叶芦竹

图6-6　芦竹

【原产与分布】原产于地中海一带，国内广泛引种栽培。

【习性与养护】适应性强，较耐寒，性喜阳光、湿润和温暖气候，耐水湿，对土壤要求不严。对其进行多次修剪，可促发新叶，保持植株高度。

【花境应用】花叶芦竹（图6-5）高大挺拔，形如竹，叶色亮，花序美，姿态清丽俊秀，是耐水湿的观赏草。丛栽、片植皆宜，常用于水景园或作花境的背景材料，或栽植于山石、水池旁，色彩可人，生机勃勃（图6-7）；或沿开阔水体岸边带状种植，亦成一景（图6-8）。花叶芦竹的季相色彩鲜明，春季黄白色的叶片条纹可产生丰富的光影，秋季穗状花序随风摇曳，充满动感，观赏效果极佳。

【可替换种】芦竹（*Arundo donax*）（图6-6）、花叶蒲苇（*Cortaderia selloana* 'Silver Comet'）、棕榈叶薹草（*Carex muskingumensis*）等。

图6-7　花叶芦竹与溪荪配置

图6-8　水岸边布置

长柱小檗

学名：*Berberis lempergiana*

科属：小檗科，小檗属

别名：三棵针

性状：常绿灌木

花期：4～5月

花色：鲜黄

株高：可达1m

图6-9 长柱小檗

【原产与分布】原产于浙江和江西。

【习性与养护】较耐寒，在华东地区可露地越冬。喜光，稍耐阴；喜湿润肥沃的酸性土，不耐涝。平时管理要适时浇水，雨季要防止积水。萌蘖力强，耐修剪，秋后适当整枝修剪，控制徒长，促进多分枝，保持树形优美。

【花境应用】长柱小檗（图6-9）四季常青，叶色亮绿，花鲜黄艳丽，部分叶片入冬后转鲜红色，富有韵味；易修剪成型，可作绿篱（图6-10）。在花境中一般作为背景灌木，与观花植物或观叶的观赏草等搭配均可，在冬季营造生机盎然的景观效果。因其耐阴性，也适合应用于林缘、路缘花境，如与二月兰等配植，以其有光泽的绿叶衬托翠蓝小花，营造色彩明亮又宁静淡雅的早春景观（图6-11）。

【可替换种】阔叶十大功劳、南天竹等。

图6-10 长柱小檗株形

图6-11 长柱小檗与二月兰配植

醉鱼草

学名：*Buddleja lindleyana*

科属：玄参科，醉鱼草属

别名：闹鱼花、痒见消、毒鱼草

性状：落叶灌木

花期：6～8月

花色：紫、白、粉红等

株高：可达2m

图6-12　醉鱼草

【原产与分布】分布于长江以南各省区。现多用于园艺品种。

【习性与养护】性喜阳光充足环境，较耐寒，耐旱，对土质要求不严，于肥沃、排水良好处开花繁茂。生长适应性强，耐粗放管理。

【花境应用】醉鱼草（图6-12）植株高大，穗状圆锥花序着花饱满，弯曲下垂，适宜作花境背景材料，尤其适合水边栽植（图6-13、图6-14）。蓝紫色是夏季花境的最爱，淡雅的花色给炎热的天气带来一抹清凉。亦可与其他冷色调花卉进行近色组合，如深蓝鼠尾草、天蓝鼠尾草、薰衣草等，但要注意这些植物需全光照环境，不能距醉鱼草太近而长期被荫蔽。

【可替换种】红千层、金银花（*Lonicera japonica*）、紫藤（*Wisteria sinensis*）等。

图6-13　醉鱼草全株

图6-14　醉鱼草的高大株丛

红千层

学名：*Callistemon rigidus*

科属：桃金娘科，红千层属

别名：瓶刷子、串钱柳

性状：常绿灌木至小乔木

花期：5～7月

花色：红色

株高：2～3m

图6-15 红千层

【原产与分布】原产于澳大利亚，我国南方各省区有栽培。

【习性与养护】喜温，能耐烈日酷暑，不耐寒。喜光，不耐阴，要求种植在向阳避风的环境和酸性土壤中。生长缓慢，萌芽力强，耐修剪，养护管理便利。栽植地要求保持湿润，注意薄肥勤施，并及时修剪。

【花境应用】红千层（图6-15）树姿优美，花形奇特，红色的穗状花序似瓶刷般缀满枝头，在绿叶衬托下令人赏心悦目。在花境中是良好的常绿背景材料，火树红花、色彩明快，可与开花繁茂的草本植物或花灌木如波斯菊、金丝桃等配植，均可营造出绚丽多姿、欢快活泼的花境效果。亦可带状或片状种植，花开满枝，可形成绚丽多姿、喜气洋洋的春夏景观（图6-16、图6-17）。还可与一些淡雅的色叶植物搭配，如水果蓝、银蒿、金叶菖蒲等，形成视觉上的强烈冲击。

【可替换种】红叶石楠、轮叶蒲桃、山麻杆等。

图6-16 红千层树形

图6-17 垂花红千层（*Callistemon viminalis* 'Hot Pink'）

蓝湖柏

学名：*Chamaecyparis pisifera* 'Boulevard'

科属：柏科，扁柏属

性状：常绿灌木

观赏期：全年

叶色：灰蓝色

株高：2～4m

图6-18　蓝湖柏

【原产与分布】原产于日本中部的本州岛、日本南部的九州岛。

【习性与养护】喜阳光充足，在部分遮阳环境中生长最好；耐旱，适合中等湿度的土壤。在养护管理中避免强风，避免潮湿、排水不良的土壤环境。生长较为缓慢，不需要修剪，用作造型树或绿篱时每年需要修剪2次。

【花境应用】蓝湖柏（图6-18）株形直立、紧凑，较为自然，整体呈金字塔状，灰蓝色叶子质感柔软（图6-19）。可孤植于草坪，或作为精致焦点应用于岩石园，或用于盆栽欣赏。在花境应用中作为骨架植物，丰富竖向植物景观，与其他植物搭配充当彩色背景，同时也是花境的一处亮点（图6-20）。

【可替换种】'蓝阿尔卑斯'刺柏（*Juniperus chinensis* 'Blue Alps'）。

图6-19　蓝湖柏株形

图6-20　蓝湖柏与蓝冰柏等植物配植

束花山茶

学名：*Camellia japonica* × *C. parvi-ovata*

科属：山茶科，山茶属

性状：常绿灌木

花期：12～翌年4月

花色：红、玫红、粉、白等

株高：60～200cm

图6-21　束花山茶

【原产与分布】束花山茶（图6-21）是我国上海植物园在20世纪90年代杂交培育出来的系列品种，以山茶花品种'黑椿''Kuro-tsubaki'和小卵叶连蕊茶为亲本，是山茶组和连蕊茶组的组间远缘杂交获得的园艺品种。常见品种有'玫瑰春''玫玉'等，近年来被推广应用。

【习性与养护】对温度、光照和土壤的适应性强。喜全光照，耐寒性强，尤其具有较强的盐碱土壤适应性。耐修剪，适合整形。

【花境应用】束花山茶的植株直立性，株形紧凑，花朵小巧精致，花量极大（图6-22）。冬季叶片亮绿，极早春萌发鲜红的新叶，观叶期长（图6-23）；冬季即开花，花期至仲春，是花、叶、形兼赏的优秀品种。孤植、列植、丛植皆可，尤其适合用作观花绿篱，展现其耐修剪、花叶繁密的观赏特性。在花境中可列植作为背景，也可与其他花灌木配置作为花境骨架植物（图6-24～图6-27）。

【可替换种】茶梅（*Camellia sasanqua*）、连蕊茶等。

图6-22　束花山茶盛花全株

图6-23　束花山茶红色新叶

图6-24　束花山茶品种'玫瑰春'

图6-25　品种'玫玉'

图6-26　品种'俏佳人'

图6-27　品种'小粉玉'

矮蒲苇

学名：*Cortaderia selloana* 'Pumila'

科属：禾本科，蒲苇属

别名：银芦

性状：多年生常绿草本

花期：8～10月

花色：银白色

株高：1.2～1.8m

图6-28　矮蒲苇

【原产与分布】栽培品种，国内已有引种。

【习性与养护】性强健，耐寒至-15℃，喜温暖湿润气候；对土壤要求不严，耐瘠薄，湿、旱地均可生长，可短期淹水，耐旱能力亦较强。应种植在光线充足之处，使植株生长健壮、叶片色泽亮丽、开花繁茂。

【花境应用】矮蒲苇（图6-28）株形优雅，圆锥花序大型稠密，高90～120cm，银白色，观赏性可保持至翌年春季，具有优良的生态适应性和观赏价值，是目前应用最为广泛的观赏草之一。成片种植于滨水绿化带用作花境背景，其翠绿的叶色、银白色的花序营造出富有特色的景观，可形成秋季花境的主景。亦适合丛植布置于水岸、块石或庭院，壮观而雅致（图6-29、图6-30）。

【可替换种】花叶蒲苇（*Cortaderia selloana* 'Silver Comet'），体量较大，花穗稍长而稀疏（图6-31）。

图6-29　矮蒲苇秋季雌花序

图6-30　矮蒲苇配置荫处不宜

图6-31　花叶蒲苇

蓝冰柏

学名：*Cupressus glabra* 'Blue Ice'

科属：柏科，柏木属

性状：常绿乔木

观赏期：全年

叶色：霜蓝色

株高：5～8m

图6-32 蓝冰柏

【原产与分布】欧美常用的彩叶树品种，可在我国西北、华北、华东地区栽植。

【习性与养护】喜阳光充足，全日照条件下生长良好、色叶显色度高，透光度50%荫蔽条件也能生长。耐旱、耐高温、抗风，适合排水良好的土壤。北京露地越冬需保护。

【花境应用】蓝冰柏（图6-32）树形直立，呈圆锥状，整体呈现的霜蓝色高雅脱俗，具有很强的视觉吸引力，是常绿彩叶针叶树的优秀品种（图6-33）。在园林应用中可片植成色块，可修剪成球形、圆柱形作为造型树，亦可孤植、丛植于草坪（图6-34）。在花境中常用作骨架植物，或作为背景，具有明显的丰富竖向景观效果（图6-35）。

【可替换种】'蓝色天堂'落基山圆柏（*Juniperus scopulorum* 'Blue Heaven'）。

图6-33 蓝冰柏全株

图6-34 蓝冰柏应用于岩石园

图6-35 蓝冰柏与蓝剑柏配植

柠檬香茅

学名：*Cymbopogon citratus*

科属：禾本科，香茅属

别称：柠檬草

性状：多年生草本

观赏期：全年

叶色：浅绿色

株高：80～200cm

图6-36　柠檬香茅

【原产与分布】原生于印度南部与斯里兰卡，广泛种植于热带地区，各地有引种栽培。

【习性与养护】喜全日照条件，也耐半阴环境。不耐寒，冷凉地冬季落叶。对土壤要求不严，喜排水良好但又保水力强、肥沃的沙质土壤，忌水涝。

【花境应用】柠檬香茅（图6-36）的株丛开展，叶片带状线形，自然弯曲成拱状，姿态优雅。叶片散发柠檬香气，茎叶可提炼精油。可配置香草园、草境园、药草园、岩石园等，也可群植或片植展现其野趣之美（图6-37、图6-38）。在花境中可作为骨架植物，或与其他观赏草搭配，丰富景观层次，其香叶特质带来观赏体验意趣。

【可替换种】晨光芒（*Miscanthus sinensis* 'Morning Light'）。

图6-37　柠檬香茅应用于岩石园

图6-38　柠檬香茅冬季叶态

金边胡颓子

学名：*Elaeagnus pungens* 'Aurea'

科属：胡颓子科，胡颓子属

别名：金叶胡颓子

性状：常绿灌木

观赏期：全年

株高：1～4m

图6-39　金边胡颓子

【原产与分布】分布于长江以南各省，日本也有。

【习性与养护】喜温暖气候，较耐寒。性喜阳光充足，亦耐半阴。耐修剪。对土壤适应性强，耐干旱，不需特殊管理。对有害气体的抗性强。

图6-40　金边胡颓子球

图6-41　金边胡颓子与花叶杞柳配植

图6-42　金边埃比胡颓子

【花境应用】金边胡颓子（图6-39）观叶性状优良，常修剪成球形，是重要的色叶灌木（图6-40）。可作为花境的骨架或主景材料，不但可在叶色上形成视觉冲击，也是丰富冬季季相的构景元素。混合花境以应用宿根花卉为主，其中不乏直立性草本植物，如深蓝鼠尾草、薯草等，造型的金边胡颓子与之搭配，往往在株形上形成对比或调和，丰富花境景观（图6-41）。近年来引进的新品种金边埃比胡颓子（*Elaeagnus × ebbingei* 'Gill Edge'），其叶片更厚实，叶缘金边更鲜亮，耐寒性、耐旱性更强（图6-42）。

【可替换种】金边大叶黄杨、银边海桐、洒金珊瑚、花叶鹅掌柴。

金边大叶黄杨

学名：*Euonymus japonicus* 'Aureo-marginatus'
科属：卫矛科，卫矛属
别名：金边黄杨
性状：常绿灌木或小乔木
观赏期：常年
株高：50～250cm

图6-43　金边大叶黄杨

【原产与分布】为大叶黄杨园艺品种，原种主要分布于我国长江流域和华北地区。

【习性与养护】喜温暖和阳光充足的环境，适生温度10～25℃，且耐寒，在-20℃仍能成活。耐干旱，对土壤要求不严，宜深厚肥沃、排水较好的沙质壤土。生长势强，养护管理便利。

【花境应用】金边大叶黄杨（图6-43）以其色叶著称，叶缘镶金边，光亮炫目，植株极耐修剪，是理想的绿篱和花境背景材料。可用于花境作彩叶配置，与其他色叶植物如银叶菊、日本血草形成色彩对比；亦作花境背景植物，与观花观叶草本如金光菊、雪滴花等搭配均宜（图6-44）。大叶黄杨类还是丰富花境冬季景观的重要木本植物。

【可替换种】银边大叶黄杨（*Euonymus japonicus* 'Albo-marginatus'）（图6-45）、金心大叶黄杨（*Euonymus japonicus* 'Aureo-variegatus'）（图6-46、图6-47）等。

图6-44　金边大叶黄杨配置

图6-45　银边大叶黄杨

图6-46　金心大叶黄杨

图6-47　金叶大叶黄杨
（芽变品种）

滨柃

学名：*Eurya emarginata*
科属：山茶科，柃木属
别名：凹叶柃木
性状：常绿灌木
观赏期：全年
叶色：墨绿色
株高：1～2m

图6-48　滨柃

【原产与分布】产于我国浙江沿海、福建沿海及台湾等地，朝鲜中南部、日本中南部、韩国济州岛也有分布。

【习性与养护】适应性强，耐阴、耐瘠薄、耐干旱，抗风性强，能耐盐碱。盆栽或地栽均可，栽培容易。夏、秋要求水分及时跟上，通风良好，保持半阴，每两周施肥一次，促进植株生长。冬季浇水量需减少，水多容易黄叶。越冬温度低时，叶片会变红。

【花境应用】滨柃（图6-48）是著名的滨海乡土树种，自然状态下树姿平展优美、枝叶浓密紧凑、新叶红色靓丽、老叶墨绿有光泽，具有较好的观赏价值，为优良的色块、绿篱、盆景、沿海绿化观赏树种（图6-49～图6-52）。在园林应用中常用于岩石园的配置；在花境应用中，滨柃可作为花境背景，衬托亮色花卉。

【可替换种】齿叶冬青（*Ilex crenata*）、厚皮香（*Ternstroemia gymnanthera*）。

图6-49　滨柃开花

图6-50　滨柃枝叶

图6-51　滨柃自然生长株形及冬季表现

图6-52　滨柃的海岛自然生境

圆锥绣球

学名：*Hydrangea paniculata*
科属：虎耳草科，绣球属
性状：落叶灌木或小乔木
花期：7～8月
花色：白色、淡黄绿色、淡粉色
株高：1～5m

图6-53　圆锥绣球

【原产与分布】分布广，国内产于西北（甘肃）、华东、华中、华南、西南等地。

【习性与养护】喜光照充足，耐半阴，不畏酷暑，不畏严寒，耐干旱，耐瘠薄，耐修剪，喜肥，忌水涝，适宜排水性良好的弱酸性土壤。需水量较大，夏季需在早晚充分给水，并通过喷雾增加空气湿度；但盲目浇水易导致烂根。花后及时用水溶性肥追施，以补充开花消耗的营养。

【花境应用】圆锥绣球（图6-53）于仲夏之际欣然盛开，枝叶浓绿，花序圆锥状，花朵硕大，花色主要为白色系。园艺品种多，其中'石灰灯'（'Limelight'）'魔幻月光'（'Magical Moonlight'）盛花时为白色至黄绿色；'白玉'（'Grandiflora'）'花园蕾丝'（'Unique'）'圣代草莓'（'Sundae Fraise'）'香草草莓'（'Vanille Fraise'）'粉色精灵'（'Pinky Winky'）为白色至粉色，具有较高的观赏价值。圆锥绣球株形饱满、枝叶繁茂，是较好的花境背景材料，其圆锥状聚伞花序起到良好的视线焦点作用，也可与其他花境植物搭配构成花境骨架（图6-54、图6-55）。

【可替换种】乔木绣球（*H. arborescens*）、栎叶绣球（*H. quercifolia*）。

图6-54　圆锥绣球与鼠尾草配植

图6-55　布查特花园的圆锥绣球

齿叶冬青

学名：*Ilex crenata*
科属：冬青科，冬青属
性状：常绿灌木
观赏期：全年
叶色：绿色
株高：1.5 ～ 5m

图6-56　齿叶冬青

【原产与分布】原产于中国东部、日本、韩国等地，广泛种植于北美东南部。

【习性与养护】喜温暖气候，耐寒，耐旱，耐半阴，适生于肥沃湿润、排水良好的酸性土壤，萌芽力强，耐修剪。性强健，病虫害较少，管理简单。

【花境应用】齿叶冬青树形优美、叶色亮绿，尤其是拥有丰富的园艺品种，观赏价值高，是园林植物造景重要的常绿植物材料，在花境中应用也较广泛（图6-56）。

直立冬青（*I. crenata* 'Sky Pencil'）枝叶稠密且直立向上，无需修剪便可自然成柱形，可孤植作为花境的焦点植物，表现花境的竖线条景观，也可列植作为花境的常绿背景材料，衬托其他色彩丰富的植物（图6-57、图6-58）。可替换的种或品种：蓝剑柏（*Sabina scop* 'Blue Arrow'）、绿干柏（*Cupressus arizonica*）等。

完美冬青（*I. crenata* 'Compacta'）株形饱满、叶紧凑、叶色墨绿，适合规整式造型，在花境中能作为骨架并保持冬季常绿景观效果（图6-59、图6-60）。可替换的种或品种：滨枥（*Eurya emarginata*）、龟甲冬青（*I. crenata* f. *convexa*）等。

金宝石冬青（*I. crenata* 'Golden Gem'）植株低矮，枝条平展，新叶呈亮丽的金黄色，在花境中常作为呈现暖色调的骨架植物，四季可赏（图6-61、图6-62）。可替换的种或品种：'火云'刺柏（*Juniperus formosana* 'Fire Dragon'）、黄金构骨（*Ilex* × *attenuata* 'Sunny Foster'）、金冠柏（*Monterey cypress* 'Goldcrest'）等。

图6-57　直立冬青

图6-58　直立冬青容器苗

图6-59　完美冬青

图6-60　完美冬青球形全株

图6-61　金宝石冬青

图6-62　金宝石冬青容器苗

'蓝阿尔卑斯'刺柏

学名：*Juniperus chinensis* 'Blue Alps'

科属：柏科，刺柏属

别名：日本翠柏

性状：常绿灌木或乔木

观赏期：全年

叶色：蓝色至银灰色

株高：灌木3～4m，乔木15～20m

图6-63　'蓝阿尔卑斯'刺柏

【原产与分布】产于中国、日本、蒙古和喜马拉雅山，可在我国西北、华北、华东地区栽植。

【习性与养护】喜全光照或半阴，耐寒、耐旱、耐热，适合排水良好的土壤，长势旺盛，少有病虫害，北京可露地越冬。

【花境应用】'蓝阿尔卑斯'刺柏（图6-63）植株呈圆柱形，顶部稍尖，枝叶紧密，直立分枝，叶色四季常绿，是优良的蓝色系列常绿针叶乔灌木树种（图6-64）。在园林应用中可孤植或片植，或应用于岩石园，丰富冬季景观。在花境应用中常作为骨架植物，丰富竖向植物景观，也与其他植物搭配作为花境背景（图6-65）。

【可替换种】蓝湖柏（*Chamaecyparis pisifera* 'Boulevard'）。

图6-64　'蓝阿尔卑斯'刺柏局部

图6-65　'蓝阿尔卑斯'刺柏（后）与蓝湖柏（前）配

金森女贞

学名：*Ligustrum japonicum* 'Howardii'

科属：木犀科，女贞属

别名：哈娃蒂女贞

性状：常绿小乔木

花期：6月

花色：白色

株高：6～8m

图6-66　金森女贞

【原产与分布】日本女贞的园艺品种。

【习性与养护】喜温暖，较耐寒，温度越低则新叶的金黄色越明艳；喜光，耐热性强。在微酸性的土壤中生长迅速。生长期需肥量大，注意实时施追肥。养护管理较简单。

【花境应用】金森女贞（图6-66）的株形丰满，叶片呈明亮的金黄色，尤以春、秋、冬三季的观赏性能优越，是金黄色系彩叶灌木中受欢迎的新品种。常片植用于园林造景，也可作为花境营造的骨架植物，与各类观叶、观花植物配植均宜，丰富花境的色彩和季相景观效果（图6-67、图6-68）。

【可替换种】金叶女贞（*Ligustrum × vicaryi*）、金叶小檗、金边大叶黄杨等。

图6-67　金森女贞花序

图6-68　金森女贞片植

斑茅

学名：*Saccharum arundinaceum*

科属：禾本科，甘蔗属

别名：芭茅

性状：多年生草本

花期：8 ～ 12 月

花色：银白、灰白

株高：2 ～ 6m

图6-69 斑茅

【原产与分布】分布于华东、华南地区，亚洲东南部也有。

【习性与养护】喜温暖湿润气候，需光照充足，不耐阴，抗旱，耐贫瘠，能忍耐短期水淹，对土质要求不严。生于山坡和河岸溪涧草地，养护管理粗放。为保持株形美观，可在春季萌发前进行修剪整形，去除干死枝叶，促进株丛更新。

【花境应用】斑茅（图6-69）高大丛生的株体及银白色的大型圆锥花序，极具园林美学价值（图6-70）。适合配置于花境的背景，作为整个花境构图的竖向线型材料，也可以单独成片栽植。与花灌木、草本植物搭配，可创造极富野趣的自然景观。耐水湿，可栽植于水岸池边（图6-71、图6-72）。

【可替换种】同属的马儿杆（*S. spontaneum*）、蒲苇（*Cortaderia selloana*）等。

图6-70 斑茅基生叶

图6-71 斑茅临水配置

图6-72 斑茅丛植造景

花叶杞柳

图6-73 花叶杞柳

学名：*Salix integra* 'Hakuro Nishiki'

科属：杨柳科，柳属

别名：彩叶杞柳、花叶柳

性状：落叶灌木

观赏期：4～11月

叶色：粉白

株高：1～3m

【原产与分布】为杞柳的园艺品种。

【习性与养护】耐寒性强，在我国北方大部分地区都可越冬，华东、西南及华北可以露地栽植。喜光，盛夏适当遮阳。对土壤要求不严，栽植地宜选择肥沃、疏松、潮湿土壤。生长势强，春季需进行疏枝，冬末需强修剪。病虫害少，管理简便。

【花境应用】花叶杞柳（图6-73）春天新叶粉白透红，枝叶扶疏，随风摇曳，亮丽而脱俗。植株高大挺拔，是极佳的花境背景材料，借以衬托花繁叶茂的各类观花植物（图6-74、图6-75）；亦可与其他色叶植物搭配构成花境中景的骨架；与其他彩叶植物如花叶鱼腥草（*Houttuynia cordata* 'Tricolon'）、花叶番薯（*Ipomoea batatas* 'Rainbow'）、银叶蒿（*Artemisia caucasica*）等搭配，则在色彩和形态上既有变化又有统一，视觉效果明显。

【可替换种】千层金（黄金香柳）（*Melaleuca bracteata*）。

图6-74 花叶杞柳丛植

图6-75 花叶杞柳育苗

日本茵芋

学名：*Skimmia japonica*

科属：芸香科，茵芋属

性状：常绿灌木

花期：11月～翌年2月

花色：白、黄或红色

株高：50～150cm

图6-76 日本茵芋

【原产与分布】产于日本，园艺品种多。同属种茵芋（*S. reevesiana*）在我国有分布。

【习性与养护】喜温，较耐寒，冬季能耐-5℃的低温。喜光，稍耐阴，但畏强光暴晒。忌积水，宜排水良好、肥沃疏松土壤。春季移植应稍带土球，并结合修剪整形。生长期保持土壤湿润，秋季更需加大浇水量。注意防治叶斑病危害。

【花境应用】日本茵芋（图6-76）叶片翠绿光亮，冬季着粉红色花蕾，似满树红花，魅力十足，春季盛开白花，极具观赏效果，是冬、春优秀的观花植物，目前多用作盆栽观赏。在温暖地区，适合布置花境，夏季赏花，秋季赏果，与紫金牛属等观果类植物搭配甚为可爱；亦可与观赏草或色叶类草本植物搭配，营造秋意盎然、季相分明的四季花境（图6-77～图6-79）。

【可替换种】地中海荚蒾、朱砂根、火棘等。

图6-77 日本茵芋红花品种

图6-78 日本茵芋黄花品种

图6-79 大花茵芋（*Skimmia × confusa*）

厚皮香

学名：*Ternstroemia gymnanthera*

科属：山茶科，厚皮香属

别名：珠木树、猪血柴、水红树

性状：常绿小乔木

观赏期：常年

株高：1.5 ～ 8m

图6-80　厚皮香

【原产与分布】广泛分布于我国南部及西南部。

【习性与养护】较耐寒，能忍受−10℃低温。喜阴湿环境，在常绿阔叶树下生长旺盛，也喜光。根系发达，抗风力强，适应性广，最宜酸性土。萌芽力稍弱，不耐强修剪，但其自然生长的株形美观，故不需整枝（图6-81）。

【花境应用】厚皮香（图6-80）树冠浑圆，枝叶层次感强，叶肥厚亮绿，入冬转绯红，色彩靓丽，是优良的常绿景观树种。其生长适应性强，又耐阴，可用于布置林缘花境，作为花境背景材料，在满目亮绿的背景下配置各类观花植物，更能展现不同的花姿、花色；也常作为骨架植物，稳定整个花境架构并保持花境冬季景观（图6-82、图6-83）。

【可替换种】荚蒾属（*Viburnum*）植物、椤木石楠、长柱小檗、海桐等。

图6-81　厚皮香易修剪造型

图6-82　厚皮香野生生境

图6-83　厚皮香容器苗

水果蓝

图6-84　水果蓝

学名：*Teucrium fruitcans*

科属：唇形科，石蚕属

别名：银石蚕、灌丛石蚕

性状：常绿灌木

花期：3～5月

花色：浅蓝紫色

株高：可达180cm

【原产与分布】原产于地中海地区，现广泛栽培。

【习性与养护】对环境条件的适应能力极强，生长适温在-7～35℃。喜光，对水分的要求不严，极耐旱；对土壤养分的要求很低，非常贫瘠的沙质土壤也能正常生长。可粗放管理。

【花境应用】水果蓝（图6-84）的全株呈现浅蓝色，花序也是高雅的淡蓝色，是丰富园林色彩的重要的色叶灌木（图6-85）。在花境应用中，既适宜作为深绿色植物的前景，也适合作草本花卉的背景，那一抹淡淡的蓝色是营造自然式林缘花境的独特风景线。水果蓝的萌蘖力很强，可修剪成球形，大株丛在花境中常作为骨架植物，并能增添冬季色彩景观（图6-86、图6-87）。

图6-85　水果蓝开花

图6-86　水果蓝丛植

图6-87　水果蓝与樱桃鼠尾草配植

地中海荚蒾

学名：*Viburnum tinus*

科属：忍冬科，荚蒾属

性状：常绿灌木

花期：11月～翌年4月

花色：白色（花蕾粉红色）

株高：可达3m

图6-88　地中海荚迷

【原产与分布】原产于欧洲地中海地区，多用园艺品种。

【习性与养护】耐寒性强，适宜温度-10～35℃。喜光，也耐阴。对土壤要求不严，较耐旱，忌土壤过湿，雨季要注意排水。要注意防治叶斑病和粉虱。

【花境应用】地中海荚蒾（图6-88）四季常绿，叶浓密、深绿，花期自冬至春，为难得的冬季观花树种。冬季花蕾粉红傲雪，春季盛花粉白色，带清香味，十分诱人（图6-89）。枝叶茂密，耐修剪，在花境中常作背景材料，或作为中景的骨架植物，可搭配色调明快的宿根花卉，如银叶黄花的梳黄菊、花色俏丽的美丽月见草、挺拔耸立而又花大色艳的毛地黄钓钟柳等，营造出终年有景、三季有花的四季花境景观（图6-90）。

【可替换种】地中海荚蒾常用品种如'Gwenllian' 'Spring Bouquet' 'Eve Price' 'Pink Prelude' 等，另有同属种如大地荚蒾（*V. davidii*），枇杷叶荚蒾（*V. rhytidophyllum*）等。

图6-89　地中海荚迷花序

图6-90　地中海荚迷株丛

穗花牡荆

学名：*Vitex agnus-castus*
科属：马鞭草科，牡荆属
性状：落叶灌木
花期：7～8月
花色：蓝紫色
株高：2～3m

图6-91 穗花牡荆

【原产与分布】原产于欧洲，国内各地普遍引种栽培。

【习性与养护】喜光，耐寒，亦耐热，耐干旱、瘠薄，但不耐积水。抗性强，病虫害少。植株分枝性强，耐修剪，多次修剪利于植株成形，且利于开花，花后剪残花可延长花期。

【花境应用】穗花牡荆（图6-91）的圆锥状花序在夏季呈现蓝紫色，并具有馨香，让人感觉浪漫而宁静，是十分优秀的花境植物。其株形饱满、枝叶繁茂，可作为花境的骨架材料，其繁盛花序起到视觉焦点作用（图6-92、图6-93）。作为花境的背景植物，配置宿根花卉、花灌木均宜，如与蓝紫色或黄色花卉搭配，则呈现色彩调和或对比的景观效果。亦可布置于建筑物、假山石旁或水岸边。

【可替换种】醉鱼草（*Buddleja lindleyana*）。

图6-92 穗花牡荆的蓝紫色花序

图6-93 穗花牡荆的株形饱满大气

花叶锦带花

图6-94 花叶锦带花

学名：*Weigela florida* 'Variegata'

科属：忍冬科，锦带花属

别名：花叶锦带

性状：落叶灌木

花期：5～7月

花色：紫红至淡粉色

株高：50～180cm

【原产与分布】为园艺品种，自欧洲引进。

【习性与养护】喜光照充足和温暖湿润的环境，但也耐寒、耐旱，稍耐阴。生长适应性强，病虫害少，对土壤要求不严。早春适时修剪，剪去枯枝及老弱枝条，以利萌蘖。

【花境应用】花叶锦带花（图6-94）树形优雅，新叶边缘乳黄色，后变为乳白色，叶色美观；花朵密集绚丽，春、夏、秋三季观叶，初夏赏花，是观叶、观花的好材料，成片种植即能成景（图6-95、图6-96）。配置混合花境作为优良的背景材料，或作为中景的骨架植物，如与金叶扶芳藤、花叶玉簪等色叶植物搭配，交映生辉，成为局部主景。花叶锦带花还适于林缘、路缘丛植，也可布置庭院或点缀景石、岸边。

【可替换种】同属园艺品种如红王子锦带（*W. florida* 'Red Prince'）、双色锦带（*W.* 'Carnaval'）、小锦带（*W. florida* 'Minuet'）等。

图6-95 花叶锦带花的花序

图6-96 花叶锦带花的叶色

其他花境骨架植物

菲油果（*Acca sellowiana*）
桃金娘科，菲油果属

软枝黄蝉（*Allamanda cathartica*）
夹竹桃科，黄蝉属

海芋（*Alocasia macrorrhiza*）
天南星科，海芋属

花叶芦苇（*Arundo donax* var. *versicolor*）
禾本科，芦竹属

洒金珊瑚（*Aucuba japonica* var. *variegata*）
山茱萸科，桃叶珊瑚属

叶子花（*Bougainvillea glabra*）
紫茉莉科，叶子花属

冬茶梅（*Camellia hiemalis*）
山茶科，山茶属

日本贴梗海棠（*Chaenomeles japonica*）
蔷薇科，木瓜属

亮叶腊梅（*Chimonanthus nitens*）
腊梅科，腊梅属

四照花（*Cornus kousa* subsp. *chinensis*）
山茱萸科，四照花属

大叶仙茅（*Curculigo capitulata*）
石蒜科，仙茅属

朱槿（*Hibiscus rosa-sinensis*）
锦葵科，木槿属

木槿（*Hibiscus syriacus*）
锦葵科，木槿属

姜花（*Hrfychium coronarium*）
姜科，姜花属

阿尔塔冬青（*Ilex × altaclarensis*）
冬青科，冬青属

欧洲冬青（*Ilex aquifolium* 'Madame Briot'）
冬青科，冬青属

银边枸骨（*Ilex cornuta* 'Avgenteo Marginata'）
冬青科，冬青属

黄金枸骨（*Ilex × attenuata* 'Sunny Foster'）
冬青科，冬青属

欧洲刺柏（*Juniperus communis*）
柏科，刺柏属

地涌金莲（*Musella lasiocarpa*）
芭蕉科，地涌金莲属

南天竹（*Nandina domestica*）
小檗科，南天竹属

紫叶象草（*Pennisetum purpureum*）
禾本科，狼尾草属

金叶风箱果（*Physocarpus opulifolius* var. *luteus*）
蔷薇科，风箱果属

马醉木（*pieris japonica*）
杜鹃花科，马醉木属

花叶马醉木（*pieris japonica* 'Variegata'）
杜鹃花科，马醉木属

高山杜鹃（*Rhododendron lapponicum*）
杜鹃花科，杜鹃花属

杜鹃（*Rhododendron simsii*）
杜鹃花科，杜鹃属

金边六月雪（*Serissa foetida* var. *aureo-marginata*）
茜草科，白马骨属

大头金光菊（*Rudbeckia maxima*）
菊科，金光菊属

巴西野牡丹（*Tibouchina semidecandra*）
野牡丹科，野牡丹属

第7章 花境主调植物

莨力花

学名：*Acanthus mollis*
科属：爵床科，老鼠簕属
别名：虾膜花、鸭嘴花
性状：多年生常绿草本
花期：5～9月
花色：白色或淡紫色
株高：50～150cm

图7-1 莨力花

【原产与分布】产于地中海沿岸国家，我国各地有引种栽培。

【习性与养护】喜阳光充足，也耐半阴环境；耐寒、耐热，有一定的抗旱能力。喜排水良好的土壤，养护管理粗放。

【花境应用】莨力花（图7-1）叶片硕大、有光泽，在江南地区冬季常绿，其基生叶铺展，可作为地被应用（图7-2）。穗状花序挺立高耸，色彩淡雅，观赏价值高，且花期长（图7-3）。可丛植点缀在路缘或景石旁，也可在花境中与质感细腻的植物材料相搭配，形成对比，丰富竖向景观，突出花境植物配置的层次（图7-4）。有一定的耐阴能力，可在阴生花境中应用。

【可替换种】大花飞燕草（*Delphinium grandiflorum*）、羽扇豆（*Lupinus polyphyllus*）等。

图7-2 莨力花冬态叶

图7-3 莨力花的长花序

图7-4 莨力花全株

千叶蓍

学名：*Achillea millefolium*
科属：菊科，蓍属
别名：蓍草、欧蓍
性状：多年生宿根草本
花期：晚春至初秋
花色：红、粉、淡紫、白、黄色等
株高：40～100cm

图7-5　千叶蓍

图7-6　凤尾蓍

【原产与分布】广泛分布于欧洲和温带亚洲。

【习性与养护】喜全光照环境，耐寒性强。对土壤要求不严，能适应瘠薄土壤，但要求排水良好。春季可进行强修剪以便植株在夏季更好地开花。湿度过高易造成倒伏，应及时修剪上部茎叶，注意防治白粉病、锈病。

【花境应用】千叶蓍（图7-5）花色丰富，花丛紧簇，花期长达3个月，是理想的花境用材。在江南地区，冬季基生叶呈常绿或半常绿。与喜阳性、肥水要求不高、竖向直立的宿根花卉搭配种植效果较好，如蓝刺头（*Echinops* spp.）、蛇鞭菊、钓钟柳、紫松果菊等（图7-8）。可成片栽植作花境主调植物，也适宜布置香草园（图7-7）。千叶蓍的园艺品种丰富，如*A.millefolium* 'Apfelblutr' 花色粉红，'Red Beauty' 花色鲜红等。

【可替换种】蓍属约85个种，常用替换种为凤尾蓍（*Achillea filipendulina*），又称黄花蓍，花色鲜亮黄色，茎直立，密集的复伞房花序使花簇顶部平整，品种有'Moonshine' 'Cloth of Gold' 'Coronation Gold' 等，如与色彩反差强烈的蓝紫色花卉配植，能给人带来强烈的视觉冲击（图7-6）。

图7-7　千叶蓍群植

图7-8　千叶蓍与千鸟花配植

大花葱

图7-9 大花葱

学名：*Allium giganteum*
科属：百合科，葱属
性状：多年生草本
花期：4～5月
花色：紫红色
株高：60～120cm

【原产与分布】原产于亚洲中部，世界各国园林中多有种植。

【习性与养护】性喜阳光充足且凉爽的环境，不能忍受半阴。属大型鳞茎花卉，要求疏松肥沃的沙壤土，忌湿热多雨，忌积水，否则地下部易烂。栽植与管理简便，注意种球下种前后，可用杀菌剂浸泡与叶面喷施防病，种球不能连作。

【花境应用】大花葱（图7-9）的花茎高大挺立，花序硕大而奇特，色彩明快鲜亮，盛花期可持续近20天，具有很高的观赏价值（图7-10～图7-12）。在花境中丛植或片植，无论作为花境中景或后景，都极易成为主调材料，视觉冲击力强。与其他花境植物搭配均宜，花色或调和或对比，景观效果俱佳（图7-13）。但因其花期相对短暂，叶片在夏季易枯焦，应及时修剪养护。

【可替换种】百子莲（*Agapanthus africanus*）、地中海蓝钟花（*Scilla peruviana*）等。

图7-10 大花葱含苞待放

图7-11 大花葱头状伞形花序

图7-12 大花葱果序

图7-13 大花葱花境应用

蜀葵

图7-14 蜀葵

学名：*Althaea rosea*

科属：锦葵科，蜀葵属

别名：一丈红、戎葵、吴葵、胡葵

性状：二年生直立草本

花期：5～9月

花色：红、粉、紫、白、黄等色

株高：可达2～3m

【原产与分布】原产于中国，广泛分布于华东、华中、华北等地区。

【习性与养护】喜光，稍耐阴，喜向阳温暖处。耐寒性较强，在华北地区可露地越冬。耐旱，喜肥沃、排水良好的壤土或沙壤土，耐瘠薄土壤，较耐盐碱。通常秋播，翌年开花。蜀葵生长迅速，适应性强，栽培管理粗放。

【花境应用】蜀葵（图7-14）植株高大，花色鲜亮，盛开时繁花似锦，是夏秋季花境的主调植物，也是重要的背景材料（图7-15）。布置时为避免与中前景植物的株高落差太大，应注意选择一些高茎类花卉作为过渡或填充材料，如羽扇豆、翠雀花、山桃草、毛地黄、蓍草等。也可与蒲苇、斑叶芒等观赏草搭配，形成叶形、叶色的对比，且当花凋谢之后，秋季的蒲苇花序亦成一景，延长了花境的观赏期，丰富季相变化（图7-16）。

【可替换种】高茎的蓖麻属（*Ricinus*）、泽兰属（*Eupatorium*）植物等。

图7-15 蜀葵作花境背景

图7-16 蜀葵与穗花婆婆纳配植

紫菀

学名：*Aster* spp.

科属：菊科，紫菀属

性状：多年生草本

花期：7～9月

花色：紫色、玫红色

株高：20～100cm

图7-17 紫菀属植物

【原产与分布】紫菀属约500种，主要分布于温带地区，北美尤盛。我国约100种，广布于华北、西北、东北等地。

【习性与养护】丛生性直立草本，喜光，有些种耐半阴。耐寒性强，也耐热，宜湿润环境，怕旱。喜肥，但对土壤条件要求不严，除盐碱地和干旱沙土外，均能生长，最适富含腐殖质的沙壤土或腐叶土。生长迅速，管理粗放。

【花境应用】紫菀类（图7-17）花繁色艳，着花量大，花期长，是夏季、秋季花境布置的重要材料，常用作布置花境的前景、中景，为花境增添一抹亮丽的紫色（图7-18）。

近年来，从国外引进并推广应用众多品种，主要有荷兰紫菀（*Aster novi-belgii*）（又称荷兰菊）、美国紫菀（*Aster novae-angliae*）、意大利紫菀（*Aster amellus*）等，花色有蓝、紫、红、粉、白等，广泛用于花境、花坛，或用于布置路缘、岩石园等（图7-19～图7-21）。

【可替换种】翠菊、姬小菊（*Brachyscome angustifolia*）等。

图7-18 紫菀

图7-19 紫菀品种'安东尼教授'

图7-20 荷兰紫菀

图7-21 紫菀品种'玛丽·巴拉德'

卡尔拂子茅

学名：*Calamagrostis × acutiflora* 'Karl Foerster'
科属：禾本科，拂子茅属
性状：多年生草本
花期：5～9月
花色：黄绿色
株高：80～150cm

图7-22 卡尔拂子茅

【原产与分布】园艺品种。拂子茅属植物分布于欧亚大陆温带地区。

【习性与养护】喜光照充分环境，也耐半阴。耐寒性强，也耐干旱。不择土壤，喜湿润、肥沃、排水良好的土壤。适应性强，不易受病虫害侵袭。管理养护简单，维护成本低。

【花境应用】卡尔拂子茅（图7-22）夏季开花，花期长，圆锥花序密而狭，高高耸立，引人注目（图7-23）。是花境配置中理想的竖向植物材料，能作为主调植物，也适合丛植搭配其他多年生草本花卉，以丰富花境植物景观层次。如与其他芒属、狼尾草属等植物混合成片种植，易营造出具有野趣意韵的观赏草主题花境效果（图7-24）。

【可替换种】劲直拂子茅（*Calamagrostisr × acutiflora* 'Stricta'）、密花拂子茅（*C. epigeios*）等（图7-25）。

图7-23 卡尔拂子茅植株

图7-24 卡尔拂子茅与美国薄荷等配置

图7-25 密花拂子茅

大花美人蕉

学名：*Canna generalis*

科属：美人蕉科，美人蕉属

别名：红艳蕉

性状：多年生草本

花期：6～10月

花色：乳白、黄、橘红、粉红、大红至紫红

株高：100～150cm

图7-26 大花美人蕉（*C. generalis*）与紫叶美人蕉（*C. warscewiczii*）

【原产与分布】原产于美洲热带，现各国园林中广为栽培。

【习性与养护】生性强健，适应性强，喜温暖和充足的阳光，不耐寒，怕强风，在肥沃的土壤或沙质土壤都可生长良好。华东、华中、华南地区露地栽培，常年开花；北方可于每年春季3～4月将其根茎露地种植。

【花境应用】大花美人蕉茎叶茂盛，花色丰富，花期长，适合大片裸露地自然栽植，艳丽的色彩易营造出浓烈、欢快的气氛（图7-26）。与黄菖蒲、鸢尾等花卉配植，宽厚与狭长的叶片相得益彰，多元的暖色点燃了整个花境，预示着热烈的夏季正在到来。也可以与旱伞草、水葱、再力花等竖线条植物共同组成极富立体感和拉伸力的水岸景观。

【可替换种】本属共25个种，常见的如美人蕉（*C. indica*）、花叶美人蕉（*C. generalis* 'Variegata'），还有水生美人蕉 *C. glauca* 和 *C. flaccida*，水深可没过顶芽，花期维持整个夏季（图7-27～图7-30）。

图7-27 水生美人蕉

图7-28 花叶美人蕉与紫松果菊、醉鱼草配植

图7-29 大花美人蕉路缘应用

图7-30 矮生美人蕉

金雀花

图7-31　金雀花

学名：*Caragana frutex*
科属：豆科，锦鸡儿属
别名：金雀锦鸡儿
性状：落叶灌木
花期：4～5月
花色：金黄色
株高：0.5～2m

【原产与分布】主要分布于我国华东及华北地区。

【习性与养护】性喜光，耐寒，耐旱，适应性强。不择土壤又耐瘠薄，能生于岩石缝隙中，但在深厚、肥沃、湿润的沙质壤土中生长更佳。宜植于阳光充足、空气通畅之处。生长旺盛期，可随时进行徒长枝的修剪，并适当摘心，以保持树姿优美。

【花境应用】金雀花（图7-31）叶色鲜绿，花亦美丽；黄色蝶形花盛开时，犹如展翅欲飞的小鸟（图7-32）。作为混合花境材料，可与毛地黄、紫罗兰、火炬花等总状花序的多年生花卉搭配，开花异常繁茂，构成花境主景。本种对生境要求不严，耐旱性强，还适合配置岩石园。

【可替换种】软枝黄蝉（*Allamanda cathartica*）（图7-33）、日本贴梗海棠（*Chaenomeles japonica*）、柔毛水杨梅（*Geum japonicum*）（图7-34）等。

图7-32　金雀花花序

图7-33　软枝黄蝉

图7-34　柔毛水杨梅

金叶莸

学名：*Caryopteris* × *clandonensis* 'Worcester Gold'
科属：马鞭草科，莸属
性状：落叶灌木
花期：晚夏至初秋
花色：蓝紫色
株高：50 ～ 120cm

图7-35　金叶莸

【原产与分布】引进的园艺品种，原种分布于亚洲东部。

【习性与养护】耐热、耐寒，华东、华中地区均能露地越冬。喜光，亦稍耐阴，光照强烈时叶色金黄亮丽，如长期处于半庇荫条件，叶片则呈淡黄绿色。耐旱性强，忌积水，应保持排水良好，防止根颈部腐烂变褐。注意防治介壳虫造成的叶片扭曲。

【花境应用】金叶莸（图7-35）株形飘逸，叶色金黄明亮，花色淡紫高雅，花叶俱美，且花期长，片植于林缘、路缘，观赏效果极佳（图7-36）。在花境应用中通常作为主调色叶植物如与银蒿、紫叶酢浆草、棉毛水苏等配植，在叶色和叶形上均可形成鲜明的反差；也适于与色彩较亮的观赏草如斑叶芒、晨光芒等搭配，色彩效果更显活泼（图7-37）。

【可替换种】金叶假连翘（*Duranta repens* 'Dwarf Yellow'）。

图7-36　金叶莸叶形

图7-37　金叶莸与亚菊配植

小盼草

图7-38 小盼草

学名：*Chasmanthium latifolium*

科属：禾本科，北美穗草属

别名：北美穗草、亮片草

性状：多年生草本

花期：8～9月

花色：淡绿色、棕红色

株高：40～100cm

【原产与分布】原产于美国东部、墨西哥西部。

【习性与养护】喜阳光充足，耐半阴，耐寒力强，可耐-30℃低温。稍耐干旱、贫瘠，原生栖息地为潮湿林地、沟谷岩坡，最喜肥沃、湿润又排水良好的土壤。

【花境应用】小盼草（图7-38）是半常绿的多年生草本，株形紧凑，叶似竹叶，呈现明亮的绿色，叶片直立，紧密丛生（图7-39、图7-40）。穗状花序形态奇特，成串悬垂于纤细的茎秆上，随风摇曳，姗姗可爱。夏季抽穗，初为淡绿色，后转为棕红色，最后变为浅褐色，"风铃状花穗"宿存期长，具有长久的观赏价值（图7-41）。在花境中，适合作为路缘花境的主调配置，也可与其他观赏草植物搭配营造草境主题。

【可替换种】'重金属'柳枝稷（*Panicum virgatum* 'Heavy Metal'）

图7-39 小盼草全株

图7-40 水边的小盼草

图7-41 小盼草花序冬季景观

桂竹香

学名：*Cheiranthus Cheiri*

科属：十字花科，桂竹香属

别名：黄紫罗兰

性状：多年生草本作二年生栽培

花期：4～6月

花色：橙黄、黄、玫红

株高：30～60cm

图7-42 桂竹香

【原产与分布】原产于南欧，我国各地有栽培。

【习性与养护】喜冷凉气候，耐寒，喜光，忌热畏涝，雨水过多生长不良。要求排水良好、疏松肥沃的沙质壤土，略耐碱性及石灰质土。直根系，不耐移植。

【花境应用】桂竹香（图7-42）开花繁茂，花色金黄亮丽，尤其在阳光照射下极为炫目，且具香气，为春季花境的良好材料（图7-43）。株形高挑轻盈，适合密植，可做花境主调中景或填充材料，常与石竹类、花毛茛、矢车菊、香雪球等构成丰富的春季花境，如再配植八宝景天等夏季开花植物，则能延长整个花境的观赏期（图7-44）。

【可替换种】七里黄（*Cheiranthus allionii*）、花菱草、蛾蝶花、蓝香芥等。

图7-43 桂竹香花序

图7-44 桂竹香群植花境

大滨菊

学名：*Chrysanthemum maximum*
（同 *Leucanthemum maximum*）
科属：菊科，茼蒿属
性状：常绿多年生草本
花期：5～8月
花色：白色
株高：60～120cm

图7-45 大滨菊

【原产与分布】原产于西欧，现世界各地广泛栽培。

【习性与养护】喜光照充足，耐寒性强，生长适宜温度15～30℃，耐干旱瘠薄，不择土壤，适应性强。在生长期每月施稀薄液肥一次，严格控制氮水用量，否则会推迟花期；花后剪除地上部分，有利于基生叶萌发。

【花境应用】大滨菊（图7-45）叶色浓绿，花开素雅，亭亭玉立，甚为可人。成片种植效果颇佳，可形成宁静淡雅的春、夏季单色花境（图7-46）。植株高大挺拔，但不乏扶疏之感，也是优秀的花境背景材料，宜与花色淡雅的草花如千鸟花等配植，亦可与常绿花灌木如红叶石楠等搭配。大滨菊为冬绿草本，是营造四季花境、丰富冬季景观的重要多年生花卉（图7-47）。

图7-46 大滨菊群植

图7-47 大滨菊花境

醉蝶花

学名：*Cleome spinosa*
科属：白花菜科，白花菜属
别名：西洋白花菜、紫龙须、凤蝶花
性状：一年生草本
花期：7月至霜降
花色：白、紫、紫红
株高：60～100cm

图7-48 醉蝶花

【原产与分布】原产于美洲热带西印度群岛。

【习性与养护】耐寒，耐热，生长适温为15～30℃。性喜干燥温暖，适宜疏松肥沃土壤，忌水涝。

【花境应用】醉蝶花（图7-48）花色艳丽，花形独特，株形高挑丰满，是良好的花境背景或中景主调填充材料，尤其适宜与矮牵牛、彩叶草、波斯菊等做混色草本花境（图7-49、图7-50）。花期较长，从夏季一直持续到霜降，可以与色彩素雅的满天星或紫菀类植物搭配，后者小花繁茂，远观如轻盈面纱般，构成极富梦幻色彩的初夏花境组合。需要注意的是，醉蝶花忌水涝，不宜与喜湿的花卉混植（图7-51）。

【可替换种】山桃草、毛地黄、大花飞燕草、高飞燕草等。

图7-49 醉蝶花花序

图7-50 醉蝶花株丛

图7-51 醉蝶花应用

大花金鸡菊

学名：*Coreopsis grandiflora*

科属：菊科，金鸡菊属

别名：大金鸡菊

性状：多年生草本

花期：5～10月

花色：金黄

株高：30～80cm

图7-52　大花金鸡菊

【原产与分布】原产于美国南部，现世界各地广泛栽培。园艺品种极丰富。

【习性与养护】喜温暖，在阳光充足环境下生长旺盛。生长适应性强，尤其耐旱性强。对土壤要求不严，在疏松、中等肥沃和排水良好的土壤生长更佳。在花期停止施肥，防止枝叶徒长和植株倒伏。花后应及时剪除花梗，以利基部重新萌发，5～6年后需要重新播种更新。

【花境应用】大花金鸡菊（图7-52）花大色艳，开花极繁茂，花期极长，自春至秋。作为常用的暖色调花境主调植物，可与蓝紫色、白色等淡雅的鼠尾草类、柳叶马鞭草、大滨菊、紫娇花等配植，形成色彩对比明亮、活泼生动的花境景观（图7-53）。

【可替换种】同属种金鸡菊（*C. basalis*）（一年生）、剑叶金鸡菊（*C. lanceolata*）（多年生）、玫红金鸡菊（*C. rosea*）（多年生）等，常用的如'天堂之门'金鸡菊（*C. rosea* 'Heaven's Gate'），各类新品种花色繁多，如'萤火虫''爵士舞''柠檬汁'等系列（图7-54、图7-55）。

图7-53　大花金鸡菊群植

图7-54　'爵士舞'金鸡菊

图7-55　'萤火虫'金鸡菊

大波斯菊

学名：*Cosmos bipinnnatus*
科属：菊科，秋英属
别名：波斯菊、秋英、秋樱
性状：一年生草本
花期：8 ～ 10月
花色：白、黄、桃红、紫红或复色
株高：120 ～ 150cm

图7-56　大波斯菊

【原产与分布】原产于墨西哥，现广泛栽培。

【习性与养护】不耐寒，不耐酷热，生长适温10～25℃。喜强光，为短日照植物，性强健、耐瘠土，喜排水良好的土壤，忌积水。植株高大，在迎风处栽植应注意防止倒伏。可在其苗高20～30cm时去顶，适当矮化植株，同时也增多了花数。

【花境应用】大波斯菊（图7-56）株形高大纤细、花朵轻盈飘逸。微风吹送，满枝花朵随风摇曳，与绿叶相映，极为美观，可作花境的背景或中景主调填充材料（图7-57）。适宜与羽扇豆、金鱼草、毛地黄等直立性草本搭配，形成错落有致的景观；前景如辅以一些低矮的花丛或观叶植物如美女樱、银叶菊、亚菊等作为铺垫，整个花境显得层次更为分明（图7-58、图7-59）。本种可自播，入秋以后繁花似锦，适当修剪可以促进其再次着花。

【可替换种】硫华菊、醉蝶花、高飞燕草等。

图7-57　大波斯菊混色群花

图7-58　大波斯菊花境配置

图7-59　大波斯菊带状花境

硫华菊

学名：*Cosmos sulphureus*
科属：菊科，秋英属
别名：黄波斯菊、硫黄菊
性状：一年生草本植物
花期：6～10月
花色：金黄
株高：50～120cm

图7-60　硫华菊

【原产与分布】原产于墨西哥，我国各地广泛栽培。

【习性与养护】性喜气候温暖和阳光充足环境，不耐寒。性强健，耐瘠土，不宜土壤过肥，否则易徒长、开花不良。能自播繁衍。

【花境应用】硫华菊（图7-60）金黄色艳，植株轻巧飘逸，丛植或群植，即可形成景观效果极佳的单色花境（图7-61、图7-62）。生长适应性强，春播或夏播均可，花期自晚春至秋季，在花境中常作为中景材料，构成热烈的主色调，宜与其他各种花卉配置组成绚丽的繁花花境（图7-63）。

【可替换种】大花波斯菊、大花金鸡菊、花菱草等。

图7-61　硫华菊株丛

图7-62　硫华菊群植

图7-63　硫华菊单色花境

大花飞燕草

学名：*Delphinium grandiflorum*

科属：毛茛科，翠雀属

别名：翠雀、飞燕草

性状：多年生草本

花期：4～6月

花色：蓝紫、浅蓝、粉、雪青等

株高：50～150cm

【原产与分布】原产于欧洲，各地广泛栽培的均为园艺品种。

【习性与养护】性耐寒，喜阳光充足的冷凉环境，耐旱，宜略含腐殖质的黏质壤土。典型的宿根草本，生长强健，病虫害不多，养护管理便利。植株高大，花期注意防止倒伏，花后需剪去花梗，宿根越冬，寒冷地应培土防冻。

图7-64 大花飞燕草

【花境应用】大花飞燕草（图7-64）的叶片深裂细碎，花朵色彩淡雅，透露着恬淡之美（图7-65）。加之栽培管理粗放，是布置花境的常用材料，尤其适合作为主调植物。与蓝香芥、鼠尾草属、鸢尾属植物等色彩相近的花卉构成美丽清新的暮春花境；也可与大花天人菊、松果菊、金光菊等暖色调花卉配置，形成具强烈视觉冲击的对比色花境。

【可替换种】常用替换种为同属种即高飞燕草（*D. elatum*），又称穗花翠雀，叶大、掌状深裂，花密集成串着生，花色有蓝、紫、白等（图7-66～图7-68）。

图7-65 大花飞燕草株丛　图7-66 高飞燕草株丛

图7-68 高飞燕草'北极光'品种系

图7-67 高飞燕草

须苞石竹

学名：*Dianthus barbatus*

科属：石竹科，石竹属

别名：五彩石竹、美国石竹

性状：多年生草本，常用一二年生栽培

花期：5～9月

花色：红、粉、紫、白等各色

株高：45～60cm

图7-69　须苞石竹

【原产与分布】原产于欧亚温带，我国南北各地均有栽培。

【习性与养护】喜阳光充足，宜高燥、通风、凉爽环境。性耐寒，可以耐受-15℃低温。耐旱，适于偏碱性土壤，忌湿涝和黏土。耐粗放管理。

【花境应用】须苞石竹（图7-69）花色极鲜艳，芳香四溢，观赏效果极佳，是春、夏季花境的优良选材，尤其适合布置花境前景、边缘，或填满株丛的每一寸空间，点亮整个花境的色彩（图7-70、图7-71）。与金光菊、耧斗菜、白晶菊、香雪球等搭配均佳，构成红、黄、紫、白等色彩华丽的花境，再于花丛中点缀星星点点的丝石竹，为花境增添一抹迷幻的薄纱。

【可替换种】同属种如石竹（*D. chinensis*）、常夏石竹（*D. plumarius*）、少女石竹（*D. deltoides*）、瞿麦（*D. superbus*）等。

图7-70　须苞石竹全株

图7-71　须苞石竹群植

荷包牡丹

学名：*Dicentra spectabilis*

科属：罂粟科，荷包牡丹属

别名：铃儿草、兔儿牡丹

性状：多年生草本

花期：4～6月

花色：粉、红、白色

株高：30～90cm

图7-72　荷包牡丹

【原产与分布】原产于我国、西伯利亚及日本。

【习性与养护】耐寒性强，东北地区可露地越冬；忌高温，7月茎叶枯黄而休眠。喜全光或半阴环境，需湿润的土壤，宜植于富含腐殖质的壤土或沙壤土中。宿根性强，秋季茎叶枯黄后将植株的地上部分剪除，以利翌年再度萌发。

【花境应用】荷包牡丹（图7-72）叶丛美丽似牡丹，花朵玲珑似荷包，可爱至极，在暮春至初夏极为引人注目。可以点缀岩石园或在疏林下大面积种植，配置花境则增添亮丽的色彩和层次感。也适宜于草地边缘湿润处丛植，景观效果极好，与其他喜湿植物如心叶牛舌草、驴蹄草等配植甚佳（图7-73～图7-75）。

【可替换种】玉竹（*Polygonatum odoratum*）和多花黄精（*Polygonatum cyrtonema*），绿白色的小花排列在花茎上钟状下垂，与荷包牡丹有异曲同工之妙。

图7-73　荷包牡丹花序

图7-74　荷包牡丹花境配置

图7-75　荷包牡丹株形飘逸

毛地黄

学名：*Digitalis purpurea*

科属：玄参科，毛地黄属

别名：自由钟、德国金钟、洋地黄

性状：一二年生草本

花色：紫红、深红、白、黄等色

花期：3～5月

株高：80～100cm

图7-76　毛地黄

图7-77　毛地黄全株

【原产与分布】原产于欧洲西部，我国各地均有栽培。

【习性与养护】耐寒，耐旱，耐半阴，喜光照。一般园土可栽培，喜富含腐殖质、疏松、湿润的土壤。生长期及时追施肥水，种植地要注意防止雨后积水。对已凋萎的花序及时剪除，安全越夏后如加强肥水管理，可在9～10月再度开花。

【花境应用】毛地黄（图7-76）植株高大，花序挺拔，色彩明亮。花朵串串悬垂如风铃，叶片翠绿可人，适宜作为花境的主景或背景材料，丛植更显壮观（图7-77～图7-79）。如与深蓝鼠尾草共同构成花境的中景，毛地黄花期为仲春至暮春，而鼠尾草属植物在初夏盛花，整个观花期大大延长。如以石竹类布置花境前景，并辅以鸢尾属植物组合配置，在株形和色彩上既有对比，也有统一，是春季至初夏的一个很好的组合。毛地黄的花色艳丽，可与菲白竹、玉带草等观叶植物形成对比，观花观叶两相宜。

【可替换种】高飞燕草、大花飞燕草、蜀葵、醉蝶花等。

图7-78　毛地黄花色丰富

图7-79　毛地黄作花境背景

松果菊

学名：*Echinacea pururea*

科属：菊科，紫松果菊属

别名：紫松果菊、紫锥菊、紫锥花

性状：多年生草本

花期：6～9月

花色：紫红

株高：60～120cm

图7-80　松果菊

【原产与分布】原产于北美。

【习性与养护】喜凉爽气候和阳光充足环境，性强健，耐寒。喜湿润，亦耐旱，但忌积水。宜深厚肥沃和排水良好的微酸性土壤。花后及时剪除残花，可延长观花期。

【花境应用】松果菊（图7-80）舌状花紫红或玫瑰红色，管状花深紫褐色，突出呈球形，具光泽，加之抗性强、花期长，是花境中不可多得的主调材料（图7-81）。植株茎秆挺拔粗壮，不易倒伏，通常作为花境中景。与株形高大的、阔叶类或与色叶类花灌木、宿根植物配置，都能构成夏秋季色彩绚丽的美图；大面积群植亦蔚为壮观（图7-82、图7-83）。近年来，松果菊新品种的引进和应用增多，花色涉及红、黄、白等（图7-84）。

【可替换种】金光菊（*Rudbeckia laciniata*）、大花剪秋罗（*Lychnis coronata*）等。

图7-81　松果菊花序

图7-83　松果菊群植

图7-82　与醉鱼草、美人蕉配植

图7-84　松果菊园艺品种

木贼

学名：*Equisetum hyemale*
科属：木贼科，木贼属
别称：千峰草、锉草、笔头草、笔筒草
性状：多年生常绿草本
观赏期：全年
株高：30～100cm

图7-85　木贼

【原产与分布】主产于我国东北、华北、内蒙古和长江流域各省。日本、朝鲜半岛、俄罗斯、欧洲、北美洲及中美洲等也有分布。

【习性与养护】生于山坡潮湿地或疏林下、湿地、溪边，有时也生于杂草地。喜潮湿的环境，也耐干旱；喜全光照，也耐半阴。耐寒性不甚强，在江南地区冬季表现常绿或半常绿。

【花境应用】木贼（图7-85）的茎竖直挺立，中空有节，单生或仅于基部分枝，呈灰绿色或黄绿色，线条疏朗，气质脱俗，颇有竹子的风骨（图7-86）。在园林中，木贼是水生园中常用的植物材料，常丛植于水岸或点缀在景石旁（图7-87）。在花境中，木贼可作为直立线型材料，丰富植物组团的立面景观，如与宽叶或丛型开展的玉簪（*Hosta* spp.）、肾蕨（*Nephrolepis auriculata*）等配植，易达到株形、叶形比对的配置效果（图7-88）。

【可替换种】鹰爪豆（*Spartium junceum*）等。

图7-86　木贼直立茎

图7-87　木贼与玉簪配植于水池边

图7-88　木贼应用

花菱草

学名：*Eschscholtzia californica*

科属：罂粟科，花菱草属

别名：加州罂粟、金英花

性状：多年生草本作一二年生栽培

花期：4～6月

花色：亮黄

株高：30～60cm

图7-89　花菱草

【原产与分布】原产于美国加利福尼亚州。

【习性与养护】喜冷凉、干燥的气候，耐寒。忌高温，怕水湿，最不耐温热。喜疏松肥沃、排水良好的沙质土壤。花朵在阳光下开放，在阴天及夜晚闭合。种子能自播繁衍。

【花境应用】花菱草（图7-89）叶片嫩绿带灰色，花朵繁茂，盛开时金灿灿一片，为美丽的暮春至初夏花卉（图7-90）。株高适中，如与紫菀、紫娇花等春夏季开花植物搭配种植，适合作花境的主调材料，极为醒目。花朵晴天开放，阴天和傍晚闭合，在灰绿色叶映衬下，含苞待放仍亮丽（图7-91、图7-92）。

【可替换种】虞美人、冰岛罂粟、东方罂粟等。

图7-90　花菱草株丛

图7-91　花菱草花朵闭合仍亮丽

图7-92　花菱草耐旱性较强

黄金菊

学名：*Euryops pectinatus* 'Viridis'

科属：菊科，梳黄菊属

别名：梳黄菊

性状：常绿多年生草本至亚灌木

花期：早春至秋季

花色：金黄色

株高：40～100cm

图7-93　黄金菊

【原产与分布】为梳黄菊（*E. pectinatus*）的园艺品种。

【习性与养护】具较强的耐寒力，在长江流域大部分地区可常绿越冬；或冬季落叶，但翌年仍可重新萌发；在温暖地区的冬季仍可开花。喜阳光充足环境，有较强的抗高温能力。土壤要求中等湿润、排水良好。生长期可施用复合肥，花后轻剪，以促进分枝。管理方便，少有病虫害。

【花境应用】黄金菊（图7-93）是近年来流行的花卉，其株形紧凑，花期极长，花色亮丽，成片栽植绚烂夺目，尤其在沪杭地区能保持冬季常绿，是优良的花境材料（图7-94、图7-95）。可广泛用于居住区、道路及公园绿地，独立成景或作花境主调材料。

【可替换种】原种梳黄菊（*E. pectinatus*），又称南非菊，与黄金菊的区别在于全株被灰白色，叶色不及黄金菊光亮（图7-96）。目前欧美市场不断推出新品种，如'Jamboana'具耐热性。

图7-94　黄金菊园林应用

图7-95　黄金菊花形

图7-96　梳黄菊

大花天人菊

学名：*Gaillardia* × *grandiflora*

科属：菊科，天人菊属

别名：虎皮菊、老虎皮花、六月菊

性状：一二年生或多年生草本

花期：7～10月

花色：黄色瓣端红色或全红、全黄

株高：15～45cm

图7-97 大花天人菊

【原产与分布】原产于北非及西班牙，现种植广泛。

【习性与养护】耐炎热而干燥的气候，耐寒性不强。喜光。要求土壤疏松、排水良好、耐瘠薄。

【花境应用】大花天人菊（图7-97）茎细长摇曳，姿态万千，花色鲜艳，叶色嫩绿，是布置夏、秋季花境的良好材料，成片密植，即成美妙的单一花境（图7-98）。也可与暖色调花卉混植，花境前景铺满白晶菊、香雪球、紫花酢浆草等低矮而繁茂的小花；中景与色彩绚丽的矢车菊、金光菊等混植；背景可丛植向日葵，无论是花形或色彩都与天人菊呼应，共同组成一个炫目的春夏花境。或与各类观赏草组合，也能获得极佳的景观效果（图7-99、图7-100）。

【可替换种】同属种有天人菊（*G. pulchella*）、红天人菊（*G. amblyodon*）、多年生宿根天人菊（*G. aristata*）和变种矢车天人菊（*G. pulchella* var. *picta*）等。

图7-98 大花天人菊花序

图7-99 与美女樱配置

图7-100 与夏堇和四季海棠等构成色块

山桃草

学名：*Gaura lindheimeri*
科属：柳叶菜科，山桃草属
别名：千鸟花、白桃花、白蝶花
性状：多年生草本
花期：7～9月
花色：粉红、白
株高：80～150cm

图7-101　山桃草

【原产与分布】原产于美国、墨西哥，我国引进栽培。

【习性与养护】喜光，耐半阴，不择土壤。春季或秋季定植，株行距30～40cm。花后可及时剪除残花，以促进萌蘖抽生，形成新的花序，延长观赏期。

【花境应用】山桃草（图7-101）植株扶疏，花色素雅，微风起时茎叶婆娑，如仙子起舞，分外妖娆（图7-102）。白色或粉色的群花盛开之时，蔚为壮观，是作花境背景的好材料（图7-103）。也可与各色艳丽的花卉配置成中景，如毛地黄、蓍草、飞燕草等；或大片群植即形成单色花景；亦常用蓝香芥、密毛卷耳、勋章菊、美女樱等植物作镶边组景。山桃草管理粗放，也适宜与高大的观赏草配植，如芒、蒲苇、芦荻等，以延续营造出充满野趣的秋意景观（图7-104）。

【可替换种】柳叶马鞭草、蜀葵、千叶蓍、荷包牡丹等。

图7-102　山桃草花形

图7-103　山桃草丛植

图7-104　山桃草配置花境背景

向日葵

学名：*Helianthus annus*
科属：菊科，向日葵属
别名：葵花、向阳花
性状：一年生草本
花期：7～9月
花色：黄色
株高：90～300cm

图7-105　向日葵

【原产与分布】原产于北美，现园艺品种多。

【习性与养护】一年生粗壮草本，喜光，向阳性强，不耐阴。不耐寒，喜温热。不择土壤，但最宜肥沃、深厚土壤。生性强健，适应性强，对肥水要求不严，养护管理容易。耐修剪，在着花之后及时修剪利于二次开花。

【花境应用】向日葵（图7-105）花朵硕大美丽，茎秆粗壮，枝叶繁茂，群植即成绚丽的单一花境（图7-106～图7-108）。高生种丛植也适合作为花境布置的背景材料，勾勒出花境边缘鲜艳的背景。因其植株极为高大，故配植时应选用如毛地黄、柳叶马鞭草、飞燕草类等植物，或与高挑修长的观叶植物如斑叶芒、蒲苇等搭配，展示一幅充满野趣和生机的自然画面。

【可替换种】薄叶向日葵（*Helianthus decapetalus*）、蜀葵等。

图7-106　向日葵全株

图7-107　向日葵群植

图7-108　向日葵群植景观

赛菊芋

学名：*Heliopsis helianthoides*
科属：菊科，赛菊芋属
性状：多年生草本
花期：6～9月
花色：亮黄色
株高：40～150cm

图7-109 赛菊芋

【原产与分布】原产于北美洲，生于草原、林地边缘和岩石缝隙。

【习性与养护】喜向阳干燥环境，稍耐半阴。耐寒性强，能耐-40℃低温。耐旱、耐涝，耐瘠薄，不择土壤。性强健，管理简便，花后及时修剪，可促使再次开花，延长观赏期；花期可设支架防倒伏。

【花境应用】赛菊芋（图7-109）株丛姿态自然野趣，夏季开花繁茂，色彩鲜艳，且花期长，是夏季花境常用的植物材料（图7-110）。可与蓝紫色花卉材料如蛇鞭菊、穗花婆婆纳等配植，突出对比色的色彩效果，也可栽植于路缘、林缘，成片种植。养护粗放，也适合在野生花卉园、岩石园中应用（图7-111、图7-112）。

【可替换种】米连向日葵（*Helianthus maximiliani*）（图7-113）、金光菊（*Rudbeckia laciniata*）、金鸡菊（*Coreopsis drummondii*）、菊芋（*Helianthus tuberosus*）等。

图7-110 赛菊芋的茎、叶、花

图7-111 烈日下的赛菊芋

图7-112 赛菊芋盆栽

图7-113 米连向日

大花萱草

学名：*Hemerocallis hybrida*

科属：百合科，萱草属

别名：萱草、多倍体萱草

性状：多年生草本

花期：6～9月

花色：玫瑰红、橘红、乳白、黄色等

株高：40～100cm

图7-114 大花萱草

【原产与分布】为园艺杂交种，原种产于东亚。

【习性与养护】喜阳光充足、温暖环境，适应性强，生长势强。具一定耐寒性，也耐干旱和半阴，宜土层深厚、富含腐殖质、排水良好的湿润沙质土壤。因其生长较快，应及时进行肥水管理。入冬以后，地上叶丛枯萎，应该及时清理。

【花境应用】大花萱草（图7-114）园艺品种众多，花大而美丽，花茎挺拔，花期极长，群植景观非常壮观（图7-115）。适宜大面积布置于疏林、林缘、坡地。适宜与薰衣草、鼠尾草等蓝紫色系花卉构成良好的对比，成为花境主景；也适宜点缀于岩石园、水岸边、庭院等，观叶与观花的效果俱佳。

【可替换种】同属种如萱草（*H. fulva*）、重瓣萱草（*H. fulva* var. *kwanso*）、常绿萱草（*H. fulva* var. *aurantiaca*）、西南萱草（*H. forrestii*）、黄花菜（*H. citrina*）等，园艺品种极为丰富（图7-116～图7-119）。

图7-115 大花萱草群植

图7-116 大花萱草'金娃娃'

图7-117 大花萱草'双鞭炮'

图7-118 大花萱草'新生'

图7-119 大花萱草'旅行者'

孤挺花

学名：*Hippeastrum vittatum*（ata）
科属：石蒜科，孤挺花属
别名：朱顶红、朱顶兰、百枝莲
性状：多年生球根花卉
花期：4～6月
花色：红、粉、玫红、白色或复色
株高：40～120cm

图7-120　大花杂种朱顶红*Hippeastrum hybirdum*

【原产与分布】原产于秘鲁、巴西，世界各地广泛栽培。园艺品种极为丰富。

【习性与养护】喜阳光，但光线不宜过强。为春植球根，喜温暖，生长适温为18～25℃，冬季休眠期要求冷凉干燥。喜湿润，但畏涝；喜肥，要求富含有机质的沙质壤土。在我国北方地区仅作温室盆栽观赏。

【花境应用】孤挺花阔叶翠绿、花色炫目，可孤赏也可群植，是著名的观赏花卉（图7-120、图7-121）。因其花茎挺拔、花朵硕大，通常有数株丛植便可成景，而与一般春花类植物搭配较难协调，适合点缀花境小品，或与高大阔叶的观叶或观花植物配置，如大叶仙茅、苏铁等（图7-122、图7-123）。

【可替换种】同属约有75个种，如网纹孤挺花（*H. reticulatum*）、美丽孤挺花（*H. aulicum*）等。

图7-121　孤挺花

图7-122　孤挺花应用配置

图7-123　孤挺花盆栽

八仙花

学名：*Hydrangea macrophylla*

科属：虎耳草科，绣球属

别名：绣球、草绣球、紫阳花

性状：落叶灌木

花期：6～7月

花色：蓝紫、粉红、白色

株高：40～200cm

图7-124　八仙花

【原产与分布】原产于中国，日本、朝鲜也有分布。

【习性与养护】喜温暖湿润和半阴环境，耐寒性不强，华北地区需于温室越冬。喜湿润、富含腐殖质而排水良好的微酸性土壤，土壤酸碱度对花色影响很大。春季萌芽后保证充足水分，夏季须阴凉通风，花后及时剪除残花，冬季落叶后进行修剪整枝。性颇健壮，少病虫害。

【花境应用】八仙花（图7-124）又称绣球，枝叶繁茂，叶片宽大亮绿，花色随不同生长季及土壤酸碱度呈现丰富的变幻，为花叶俱美的观赏植物，最适在疏林下栽植。花境应用时，其株形和大花特征往往使之成为花境主调材料，硕大的聚伞花序令整个花境充实饱满（图7-125、图7-126）。

八仙花园艺品种极为丰富，近年来常用'无尽夏'绣球（*H.* 'Forever Summer'）（图7-127），系列品种众多、花色多样，尤其花期从晚春到夏、秋绵延不断，令人赞叹。

【可替换种】锦带（*Weigela florida*）、红瑞木（*Cornus alba*）等。

7-125　八仙花配置混合花境

-126　八仙花配置庭院花境

图7-127　'无尽夏'绣球

路易斯安娜鸢尾

学名：*Iris hybrids* 'Louisiana'
英文名：Louisiana iris
科属：鸢尾科，鸢尾属
性状：多年生常绿草本
花期：5～6月
花色：蓝色、白色、红色、黄色
株高：80～100cm

图7-128　路易斯安娜鸢尾

【原产与分布】原产于路易斯安娜州、佛罗里达州等墨西哥海湾地区以及密西西比河三角洲流域的沼泽地。

【习性与养护】喜阳、略耐阴，耐湿、耐干旱，在水深30～40cm水域发育健壮。为防止病虫害发生，开花后应清除残枯花枝，秋季要及时清除植株上的老叶、病黄叶。

【花境应用】路易斯安娜鸢尾（图7-128）植株姿态优美、花色绚烂、终年常绿，水陆皆适宜生长，且具有净化水质的作用，可作水、湿环境或旱地花境的材料，丛植、片植或与景石搭配。路易斯安娜鸢尾有不同的园艺品种，可片植于水畔湿地，形成独特的植物群体景观，也可作为花境的中、后景材料，在竖向层次上起到衬托和点缀作用（图7-129～图7-131）。

【可替换种】花菖蒲（*I. ensata* 'Hortensis'）等。

图7-129　溪畔路易斯安娜鸢尾

图7-130　路易斯安娜鸢尾丛植

图7-131　路易斯安娜鸢尾生产基地

火炬花

学名：*Kniphofia uvaria*
科属：百合科，火把莲属
别名：火把莲、剑叶兰
性状：多年生草本
花期：5～6月
花色：红色、橙色至淡黄绿色
株高：50～150cm

【原产与分布】原产于南非，国内各地引用园艺品种。

【习性与养护】耐寒，长江以南四季可栽，且冬季常绿，北方春秋栽植，栽种当年即开花。喜阳，也耐半阴，极耐干旱，怕积水。花前和花后，各施一次以氮、磷、钾为主的复合肥，促进植株多分蘖、多开花。

【花境应用】火炬花（图7-132）的花茎自浓绿的叶丛基部抽出，直立挺拔，花序神似一个点燃的火把，极为奇特（图7-133）。盛放时，热烈奔放，活力四射，丛植、群植尤为美丽壮观，是极佳的花境材料（图7-134、图7-135）。在花境中可作背景材料，也常作为主调植物，适合与大多数阳性花卉配植，如蓍草、滨菊等；如配植细茎类宿根花卉如剪秋罗、蓝亚麻、分药花等；或与株形开展的观赏草配植，则对比强烈，花境更有韵味。

【可替换种】卷丹（*Lilium lancifolium*）、柳兰（*Epilobium angustifolium*）等。

图7-132　火炬花

图7-133　火炬花花序

图7-134　火炬花丛植

图7-135　火炬花群植

羽叶薰衣草

学名：*Lavandula pinnata*
科属：唇形科，薰衣草属
别名：薰衣草
性状：多年生草本
花期：晚春至夏末
花色：蓝紫
株高：30～50cm

图7-136　羽叶薰衣草

【原产与分布】原产于加那利群岛，现世界各地广泛栽培。

【养护管理】需全光照环境，如每天日照少于六个小时，则不利于开花。要求土壤排水良好，喜带石灰质、微碱性的沙性土壤。在春季对植株进行修剪，并将残枝败叶去除，促进其萌发新的枝叶。一般五年左右可更换新的植株。

【花境应用】薰衣草类植物香气袭人，是常用的香草花园植物，在传统欧洲花园中，也是常用的花境材料（图7-136～图7-138），如与粉色的英列老鹳草（*Geranium endressii*）和条纹燕麦草（*Arrhenatherum elatius* var. *bulbosum* 'Variegatum'）配植成经典的冷色花境组合。老鹳草株形舒展，绿叶和粉红色小花填充空间；燕麦草质地柔软、果穗迷人，这个组合不仅色彩恬静，而且株形迥异，芳香袭人。

【可替换种】同属种如薰衣草（*L. angustifolia*）、蕨叶薰衣草（*L. multifida*）等。

图7-137　羽叶薰衣草花序

图7-138　羽叶薰衣草布置庭院花境

甜薰衣草

学名：*Lavenda* × *heterophylla*
科属：唇形科，薰衣草属
别名：甜蜜薰衣草
性状：多年生草本或小灌木
花期：4～5月
花色：蓝紫色
株高：30～80cm

图7-139　甜薰衣草

【原产与分布】原产于法国、意大利，为狭叶薰衣草和齿叶薰衣草的杂交种。

【习性与养护】属长日照植物，喜阳光充足环境。耐干旱，比其他薰衣草耐热、耐湿，可在江浙地区应用。性喜土层深厚、疏松、透气良好而富含硅钙质的肥沃土壤。酸性或碱性强的土壤及黏性重、排水不良或地下水位高的地块，都不宜种植。

【花境应用】甜薰衣草（图7-139）具有食用和药用价值。其株形较为饱满自然，叶片较一般薰衣草大，味道香甜，叶缘呈锯齿状，植株整体色彩为灰绿色（图7-140）。因是杂交种，同时具有狭叶薰衣草（*L. angustifolia*）的芳香和齿叶薰衣草（*L. dentata*）的耐热与耐湿特性。尽管花较为稀疏单薄，但因其独特的耐湿热特性，在我国尤其是江浙地区具有很好的应用前景。可在香草园中应用，在花境中也适合作为主调植物，提供柔和的灰绿色彩（图7-141、图7-142）。

【可替换种】迷迭香〔*Rosmarinus officinalis*〕等。

图7-140　甜薰衣草全株

图7-142　甜薰衣草路缘配置

7-141　甜薰衣草与细叶美女樱配植

蓝滨麦

学名：*Leymus arenarius*
科属：禾本科，滨麦属
性状：多年生草本
花期：8～2月
花色：棕色
株高：90～150cm

图7-143　蓝滨麦

【原产与分布】原产于大西洋和北欧海岸。

【习性与养护】喜阳光充足环境，耐旱亦耐湿，喜偏旱、沙性土壤，也耐贫瘠、干旱。越冬时修剪老叶在翌年长出新叶。病虫害少，管理养护简单。

【花境应用】蓝滨麦（图7-143）的枝叶丛生，叶片呈蓝灰色，花序修长直立，别具自然野趣的观赏价值（图7-144）。尤其在夏季，蓝灰色的叶丛给人清凉感，令人眼前一亮（图7-145）。可用于蓝紫色调的花境，也适合与黄色调植物如金光菊（*Rudbeckia laciniata*）、硫华菊（*Cosmos sulphureus*）等搭配，形成色彩对比。在花境中可植于中景成为主调，也可丛植或片植观赏（图7-146）。

【可替换种】蓝刚草（*Sorghastrum nutans*）与蓝滨麦的株高、叶色相似，但更为直立，而蓝滨麦为丛生型。蓝羊茅（*Festucaglauca*）与蓝滨麦的叶色相近，但株形明显小。

图7-144　蓝滨麦花序细部

图7-145　蓝滨麦株丛

图7-146　蓝滨麦与红千层、束花山茶配植

羽扇豆

图 7-147　羽扇豆

学名：*Lupinus polyphyllus*

科属：豆科，羽扇豆属

别名：多叶羽扇豆、鲁冰花

性状：多年生草本

花期：5～6月

花色：红、粉、白、紫红、蓝紫等

株高：90～150cm

【原产与分布】原产于北美西部，世界各地广泛栽培，多为栽培品种。

【习性与养护】喜气候凉爽，较耐寒，忌酷暑，在夏季炎热地区作二年生栽培。需阳光充足，不耐阴。适宜肥沃、排水良好的沙质土壤，不耐碱性土。主根发达，须根少，不耐移植。

【花境应用】羽扇豆（图7-147）花序高大挺拔、花形独特、色彩惊艳，群植效果极为壮观，是晚春花境的主调用花之一。又称鲁冰花，赋予其母爱、幸福的寓意，增添其应用的植物文化。羽扇豆的掌状复叶也有很好观赏性，覆地效果尤佳（图7-148）。可与一些低矮花卉如白晶菊、美女樱、木茼蒿等配植，构成层次分明、季相多变的花境景观（图7-149～图7-151）。

【可替换种】具挺拔总状花序的种类如火炬花、毛地黄、飞燕草、紫罗兰等。

图7-148　羽扇豆叶形与株丛

图7-149　双色羽扇豆（*Lupinus bicolor*）

图7-150　羽扇豆配置草本花境

图7-151　羽扇豆群植

剪秋罗

学名：*Lychnis fulgens*
科属：石竹科，剪秋罗属
性状：多年生草本
花期：6～8月
花色：砖红色
株高：30～80cm

图7-152　剪秋罗

【原产与分布】原产于我国长江以北各地，在日本、朝鲜及俄罗斯等地也有分布。

【习性与养护】喜光，也耐半阴，耐寒性强，喜排水良好、略带石灰质的沙质壤土。不耐酷热，在华东地区夏季注意防止高温、湿涝。每年花前追肥一次，注意防治叶斑病。

【花境应用】剪秋罗（图7-152）植株秀雅、开花繁茂，花艳红而不落俗，是极佳的初夏观花植物。片植、丛植即成景，野趣浓郁。适合作为花境中景或前景材料，因色彩鲜亮而成为主调植物，营造夏季繁花景观；亦适合与花色淡雅的宿根花卉如大滨菊等配植，花色对比，明亮活泼。

【可替换种】同属种有剪夏罗（剪春罗）（*L. coronata*）、毛剪秋罗（*L. coronaria*）、皱叶剪秋罗（*L. chalcedonica*）、浅裂剪秋罗（*L. cognate*）（图7-153～图7-156）等。

图7-153　浅裂剪秋罗

图7-154　剪夏罗

图7-155　皱叶剪夏罗

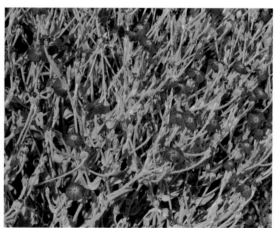
图7-156　毛剪秋罗

紫茉莉

学名：*Mirabilis jalapa*
科属：紫茉莉科，紫茉莉属
别名：胭脂花、夜娇娇
性状：一年生草本
花期：8月至降霜
花色：紫红、玫红、黄、白
株高：50～80cm

图7-157 紫茉莉

【原产与分布】原产于热带美洲地区，现世界各地广泛栽培。

【习性与养护】喜高温气候，但忌酷热，不耐寒，需充足阳光和疏松肥沃的土壤。生长势强，有自播特性。注意中耕除草，苗期适当浇水施肥，保持土壤湿润，其他管理简单。

【花境应用】紫茉莉（图7-157）是常见的夏、秋季花卉，植株生长旺盛，花期长，花后能自播，养护管理粗放，宜布置庭院、墙角等处。株形茂盛，色彩繁多，可作

图7-158 紫茉莉花色

花境的背景材料，搭配各色的夏季开花植物，亦可搭配耐阴的观叶植物如大叶仙茅、蝴蝶花等构成林下花境边缘，极富野趣（图7-158、图7-159）。

【可替换种】醉蝶花、雁来红（*Amaranthus tricolor*）、尾穗苋（*Amaranthus caudatus*）、五色椒（*Capsicum frutescens* var. *cerasiforme*）等。

图7-159 紫茉莉株丛

斑叶芒

学名：*Miscanthus sinensis* 'Zebrinus'

科属：禾本科，芒属

性状：多年生草本

观赏期：春、夏、秋三季

叶色：具金黄色斑纹

株高：60～180cm

图7-160 斑叶芒

【原产与分布】为芒（*Miscanthus sinensis*）的园艺品种。

【习性与养护】喜光，耐半阴，性强健，抗性强，喜潮湿、肥沃的土壤。叶上斑纹的产生受温度影响，早春气温较低时往往没有斑纹，而夏季高温则使纹色减弱以至枯黄。

【花境应用】斑叶芒（图7-160）株形秀丽大气、色彩鲜明，花序柔美飘逸。在园林中常丛植，起衬托与点缀的作用，适宜用作花境背景或中景栽植。叶丛自然拱形弯曲、披散饱满，也可作为骨架植物，使花境前后景形成有效衔接，过渡更加自然（图7-161）。

【可替换种】同属种有细叶芒（*M. sinensis* 'Gracillimus'），叶片纤细，具有柔感，富浪漫气质（图7-163）；花叶芒（*M. sinensis* 'Variegatus'），与斑叶芒形态习性相似，唯叶片的金黄色条纹为纵向（图7-162）。

图7-161 斑叶芒园林配置小品

图7-162 花叶芒

图7-163 细叶芒

粉黛乱子草

学名：*Muhlenbergia capillaris*
科属：禾本科，乱子草属
性状：多年生草本
花期：9～11月
花色：粉色
株高：30～90cm

图7-164　粉黛乱子草

【原产与分布】原产于北美大草原，国内各地均引进种植。

【习性与养护】喜阳光充足的环境，稍耐半阴。生长适应性强，耐干旱、耐水湿、耐盐碱，不择土壤，但宜富含腐殖质、排水性好。生育适温高，夏季生长快。

【花境应用】粉黛乱子草（图7-164）的花穗细如发丝，色粉如云霞，质感轻盈细腻，色彩明亮，如烟似雾，气质脱俗，具有极好的观赏价值。适宜单种片植，营造富有视觉冲击力的特色植物群体景观；亦可与其他观赏草类植物混植，构建自然生态草甸。在混合花境中，粉黛乱子草丛植易成为视觉焦点，轻盈飘逸的粉色花序带来一抹亮丽（图7-165～图7-167）。

【可替换种】画眉草（*Eragrostis pilosa*）、细茎针茅（*Stipa tenuissima*）等。

图7-165　粉黛乱子草与小兔子狼尾草混植

图7-166　粉黛乱子草秋季景观

图7-167　粉黛乱子草配置花境

'重金属' 柳枝稷

学名：*Panicum virgatum* 'Heavy Metal'

科属：禾本科，黍属

性状：多年生草本

花期：8 ～ 11 月

花色：灰白色

株高：90 ～ 160cm

图 7-168 '重金属' 柳枝稷

【原产与分布】园艺品种。原种柳枝稷原产于北美，生于草地、草坡、开阔林地及盐沼等。

【习性与养护】喜光，耐寒性强。耐旱，耐高温，也耐积水和短期水淹，耐盐碱，不择土壤。为保持其株形美观，可在春季萌发前进行修剪整形，促进株丛更新。

【花境应用】'重金属'柳枝稷（图7-168）株形直立性强，株丛呈柱状。叶片初为灰绿色，秋季转为黄色，雾状花穗于夏秋季盛放，随风摆动，具有野趣，观赏价值高（图7-169、图7-170）。在花境应用中可丛植或片植，作为花境的后景或中景骨架；与其他观赏草植物配植成专类园；也常用于配置岩石园或庭院围篱；在大草坪上片植，纤细中见风骨（图7-171）。

【可替换种】柳枝稷（*Panicum virgatum*）、晨光芒（*Miscanthus sinensis* 'Morning Light'）等。

图 7-169 '重金属'柳枝稷雾状花穗

图7-170 '重金属'柳枝稷直立株形

图 7-171 '重金属'柳枝稷列植布置

狼尾草

学名：*Pennisetum alopecuroides*
科属：禾本科，狼尾草属
别名：喷泉草、狗尾巴草、狗仔尾
性状：多年生草本
花期：6～10月
花色：棕褐、红褐色
株高：30～120cm

图7-172 狼尾草

【原产与分布】原产于东亚、澳大利亚，我国南北各地皆有分布。

【习性与养护】喜温暖湿润的环境，耐寒性强，耐-20℃低温。需全日照，稍耐阴。抗干旱、盐碱和大气污染，对土壤要求不高，抗病虫害能力强。冬末早春需重剪。

【花境应用】狼尾草（图7-172）株形喷泉状，质感细腻，观叶、观花效果俱佳，群植效果尤为突出。应用时可考虑向西方位的栽植地，易显现落日余晖下光影婆娑、野趣盎然的景观效果。其披散状的株形使其成为花境中不同高度植物之间良好的过渡植物，使花境形体更加饱满；丛植往往也能作为花境的主调材料，与其他多年生花卉配置形成具有长期景观效果的花境，如青蓝色的水甘草（*Amsonia hubrectii*）、粉色的山桃草、黄色的金光菊等。如配置观赏草主题花境，狼尾草类是不可或缺的植物材料（图7-173）。

图7-173 狼尾草布置花境

狼尾草属植物极为丰富，常用的种或品种有：

'小兔子'狼尾草（*P. alopecuroides* 'Little Bunny'），株形较矮，高30～45cm，花序纯白，清丽可人（图7-174）。'白美人'狼尾草（*P. villosum* 'Longistylum'）花序银白色柔美，韵律动感强（图7-175）。

'大布尼'狼尾草（*P. orientale* 'Tall Tails'），植株高大、丛生开展，着花量大，花序修长下垂，气势壮观，在花境中易成为视觉焦点（图7-176）。

紫穗狼尾草（*P. orientale* 'Purple'），是东方狼尾草（*P. orientale*）的园艺品种，夏季大量开放且花期长，深紫色花序飘逸弯曲，状如喷泉（图7-177）。

紫叶狼尾草（*P. setaceum* 'Rubrum'），叶片、花序均呈紫红色，在观赏草中尤为独特，是配色好材料，但不耐寒，在华中、华东地区均不能露地越冬。近年来，还有红色羽绒狼尾草（*P. setaceum* 'Rueppelii'），叶片呈鲜艳的紫红色，又称'火焰'狼尾草（图7-178、图7-179）。

长柔毛狼尾草（*P. villosum*）、羽绒狼尾草（*P. setaceum*）等。

图7-174 '小兔子'狼尾草

图7-175 '白美人'狼尾草

图7-176 '大布尼'狼尾草

图7-177 紫穗狼尾草

图7-178 紫叶狼尾草

图7-179 '火焰'狼尾草

毛地黄钓钟柳

学名：*Penstemon digitalis*
科属：玄参科，钓钟柳属
别名：草本象牙红、铃铛花
性状：多年生草本
花期：4～6月
花色：白、粉、红、紫、蓝紫等色
株高：30～80cm

图7-180　毛地黄钓钟柳

【原产与分布】毛地黄钓钟柳（图7-180）原产于北美洲。园艺品种众多，常用的有'Husker's Red'（图7-181）、'Evelyn'、'Connie's Pink'（图7-182）、'Firebird'等。

【习性与养护】耐寒性极强，在我国北方大部分地区可以常绿越冬。喜光照充足和凉爽环境，忌夏季高温干旱。对土质要求不严，勿多施氮肥，避免茎叶过于肥大而倒伏。应用时宜选择背风向阳处栽植，生长期要保持土壤湿润和良好的排水条件。

【花境应用】毛地黄钓钟柳株形挺拔清丽，花色淡雅而热烈，花期长，是极佳的花境材料（图7-183）。成片种植即成单色花境，也适合作为花境背景或中景植物（图7-184）。宜与蓝色系宿根花卉配置组景，或与具铺地效果的大戟属、老鹳草属、景天属植物搭配，营造自然式草本花境。冬叶变红而不枯，丰富了花境季相景观。

【可替换种】同属约有250个种，大多原产于中美洲和北美洲，常见栽培的有钓钟柳（*P. campanulatus*）、草本象牙红（*P. barbatus*）等。

图7-181　毛地黄钓钟柳品种'Husker's Red'

图7-182　红花钓钟柳
Penstemon 'Connie's Pink'

图7-183　毛地黄钓钟柳
株丛

图7-184　毛地黄钓钟柳花境

滨藜叶分药花

学名：*Perovskia atriplicifolia*
科属：唇形科，分药花属
性状：落叶半灌木
花期：7 ～ 9 月
花色：蓝紫色
株高：60 ～ 120m

图7-185　滨藜叶分药花

【原产与分布】产于西藏西部，生于砾石山坡、干燥河岸及河溪两岸，阿富汗、巴基斯坦也有。

【习性与养护】喜阳光充足，耐热、耐旱，非常耐寒，对土壤要求不严，适宜在排水良好的土壤环境中。可于早春修剪至15～60cm，促进植株生长和开花，养护管理简单。

【花境应用】滨藜叶分药花（图7-185）株形丛生直立，线条感强，富有野趣，质感细腻，枝叶蓝灰色，蓝紫色圆锥状花序修长，全株芳香。可用于布置芳香园、岩石园等，也适合作为花境的主调植物，为夏季花境增添一抹清凉的淡蓝紫色。在花境应用中，可与金鸡菊、金光菊等开黄花的宿根花卉成对比色配置，或与大滨菊等开白花的宿根花卉配植形成白色调花境（图7-186～图7-189）。

【可替换种】分药花（*Perovskia abrotanoides*）（与滨藜叶分药花为近缘种。前者叶片卵状长圆形，二回羽状分裂；后者叶片卵圆状披针形，边缘具缺刻状齿）、迷迭香（*Rosmarinus officinalis*）等。

图7-187　滨藜叶分药花株丛

图7-186　滨藜叶分药花配置花境　　图7-188　分药花　图7-189　分药花与深蓝鼠尾草配植

橙花糙苏

学名：*Phlomis fruticosa*
科属：唇形科，糙苏属
性状：多年生草本
花期：5～10月
花色：柠檬黄
株高：60～150m

图7-190　橙花糙苏

【原产与分布】原产于地中海经巴尔干半岛、西亚至俄罗斯。

【习性与养护】喜阳光充足环境，稍耐半阴。耐寒，可忍受-15℃低温，耐旱，也耐贫瘠，但喜肥沃、疏松且排水良好的土壤。花后修剪可使其二次开花。

【花境应用】橙花糙苏（图7-190）的花茎修长，自然多分枝，具有竖向线型效果，茎叶密被白色柔毛，植株呈现灰绿色，轮状的聚伞花序独特，层叠向上，花色明亮，十分亮眼夺目（图7-191）。在花境中适合作为中景，可与蓝紫色的林荫鼠尾草、蛇鞭菊等搭配，形成突出的对比色效果（图7-192）。

常用的还有同属种块根糙苏（*Phlomis tuberosa*），亦为多年生草本，地下具纺锤状块根，花色粉红，花期夏季（图7-193）。

【可替换种】绵毛水苏（*Stachys lanata*）等。

图7-191　橙花糙苏开花鲜亮

图7-192　橙花糙苏路缘配置

图7-193　块根糙苏

宿根福禄考

学名：*Phlox paniculata*

科属：花葱科，福禄考属

别名：锥花福禄考、天蓝绣球

性状：多年生草本

花期：7～9月

花色：玫红、紫红、白、紫等色

株高：40～100cm

图7-194　宿根福禄考

【原产与分布】原产于北美，现各国广为栽培。园艺品种多，如'Brigadier'叶深绿，花粉色带橙色；'Bright Eyes'花粉色并具红色花心；'Fujiyama'花淡紫色等。

【习性与养护】不耐寒，喜温暖，忌酷热。宜排水良好、疏松肥沃的中性土壤。

【花境应用】宿根福禄考（图7-194）圆锥花序顶生，花朵密集，花冠呈高脚碟状，观赏价值高，是夏季观花的常用宿根花卉（图7-195）。适合作为花境中景材料，与钓钟柳、紫罗兰、花烟草、翠菊等配植均宜，花色悦目，层次饱满（图7-196、图7-197）。

【可替换种】大花剪秋罗、石碱花、新几内亚凤仙（*Impatiens × linearifolia*）等。

图7-195　福禄考（盛花）

图7-196　福禄考片植

图7-197　福禄考与孔雀草配植

假龙头花

学名：*Physostegia virginiana*
科属：唇形科，假龙头草属
别名：芝麻花、随意草
性状：多年生常绿草本
花期：6～9月
花色：紫红、红至粉色
株高：60～180cm

图7-198 假龙头花

【原产与分布】原产于北美洲。

【习性与养护】喜阳光充足、通风良好环境，耐寒力强，能耐轻霜冻，适应性强。耐旱，亦耐肥，但夏季高温季节要及时浇水。不耐涝，雨季需保证排水良好。

【花境应用】假龙头花（图7-198）株形整齐挺拔，穗状花序依次开放，花色淡雅，适宜群植，耐高温能力强，适宜营造夏、秋季淡雅的单色花境（图7-199）。或作花境背景材料，或与其他花灌木、多年生草本配置混合花境。如与花色淡雅的水果蓝、高贵的大滨菊等组景，可刻画幽静深远、高贵淡雅的意境。如与暖色系的千层红、金鸡菊等搭配，则在色彩上形成反差，从而打造色彩丰富的繁花花境（图7-200、图7-201）。

【可替换种】同样具挺拔花序、花色淡雅的多年生草本如毛地黄、大花飞燕草等。

图7-199 假龙头花品种
virginian 'Summer Spire'）

图7-200 假龙头花点缀块石

图7-201 假龙头花片植树坛绿地

迷迭香

学名：*Rosmarinus officinalis*
科属：唇形科，迷迭香属
性状：常绿灌木
花期：11月
花色：紫色
株高：高达30～150cm

图7-202　迷迭香

【原产与分布】原产于欧洲地区和非洲北部地中海沿岸。

【习性与养护】喜充足日照，也能耐半阴、耐热、耐旱、耐贫瘠，在排水良好的沙质土壤中生长更好。为保证株形整齐，且避免通风不良造成病虫害，需要定期整枝修剪。

【花境应用】迷迭香（图7-202）四季常绿，有直立型，也有匍匐生长型；枝叶稠密，叶细小，叶背密被白色星状茸毛，整体灰绿色；蓝色小花芬芳宜人，姿态雅致（图7-203）。在花境配置中，直立型迷迭香适合作为骨架植物，丛株或匍匐型宜作填充（图7-204）。迷迭香全株芳香，耐旱力强，是营造岩石园、香草园等主题花境的主调植物材料（图7-205）。

【可替换种】薰衣草（*Lavandula angustifolia*）、鹰爪豆（*Spartium junceum*）等。

图7-203　迷迭香花序

图7-204　匍匐迷迭香
（*Rosmarinus officinalis* 'Prostratus'）

图7-205　迷迭香应用于岩石园

金光菊

学名：*Rudbeckia* spp.
科属：菊科，金光菊属
性状：多年生草本
花期：夏、秋季
花色：金黄
株高：30～80cm

图7-206 全缘叶金光菊

【原产与分布】原产于北美地区。

【习性与养护】喜光照充足，亦耐半阴。耐寒，耐旱性强，忌水湿，对土壤要求不严。生长适应性强，可粗放管理。春季防治蚜虫。

【花境应用】金光菊（图7-206）花形美丽，明丽的鲜黄色在阳光照耀下尤为娇艳，群植效果颇为壮观，即可独立成景，也是夏、秋季混合花境的重要中景材料（图7-207）。作为典型的宿根花卉，金光菊在江南地区可以半常绿越冬，花开不绝，粗生易长，适合用于城市绿化带布置。在花境中，常作为主调植物，与相似色或对比色植物配植均宜，提供花境浓烈的色彩（图7-208）。它还是很好的蜜源植物，为花园平添一份赏趣。

【可替换种】同属约15种，包括一二年生和多年生植物，如全缘金光菊（*R. fulgida*）、抱茎金光菊（*R. amplexicaulis*）、黑心菊（*R. hirta*）（图7-209）等。

图7-207 金光菊单色花境

图7-208 与美女樱混植

图7-209 黑心菊

翠芦莉

图7-210 翠芦莉

学名：*Ruellia brittoniana*
科属：爵床科，芦莉草属
别名：蓝花草、芦莉草
性状：多年生草本
花期：4～10月
花色：蓝紫色
株高：60～100cm

【原产与分布】原产于墨西哥，现广泛引种应用。

【习性与养护】喜光，略耐半阴，喜高温，耐酷暑，不耐寒。抗逆性强，适应性广，耐旱和耐湿性均较强，不择土壤，耐贫瘠，也耐轻度盐碱。植株老化时需强剪，可促使新枝萌发、株形丰满。

【花境应用】翠芦莉（图7-210）花姿优美，具有经典的蓝紫花色，春至秋季均能开花，尤其在夏季带来清新雅致的景观效果，常用于花境、花坛、岩石园等的布置。在花境布置中，翠芦莉可与其他宿根花卉形成自然式的斑块交错种植，表现其自然美以及不同植物组合的群落美。植株高大直立，可作为线型植物材料作为花境背景或中景以体现竖向特征（图7-211～图7-214）。

同属的矮芦莉（*Ruellia humilis*）通常株高40cm，株形紧凑，花淡堇紫色，在花境中常作为前景填充或镶边材料。

【可替换种】柳叶马鞭草（*Verbena bonariensis*）、马利筋（*Asclepias curassavica*）。

图7-211　翠芦莉全株

图7-212　翠芦莉群植

图7-213　翠芦莉生产

图7-214　翠芦莉花色

蓝花鼠尾草

学名：*Salvia farinacea*
科属：唇形科，鼠尾草属
别名：一串蓝、粉萼鼠尾草
性状：多年生草本
花期：5～10月
花色：蓝紫色
株高：30～60cm

图7-215　蓝花鼠尾草

【原产与分布】原产于北美，现世界各地广泛栽培。

【习性与养护】性喜温暖向阳处，也能耐半阴，喜疏松肥沃、排水良好的土壤，忌水湿。定植后摘心促使多分枝、多开花，花谢后将残花剪除并适当追肥，能持续开花。

【花境应用】蓝花鼠尾草（图7-215）叶片嫩绿修长，花序优雅别致，花色典雅（图7-216）；花期极长，自春至秋，开花不绝，是很好的花境中景或前景材料。尤其夏季盛花，淡雅的蓝紫色与其他冷色调植物如大滨菊、紫菀等配植，共同构成清丽的夏季花境。蓝花鼠尾草也有白花品种（图7-217、图7-218）。

【可替换种】深蓝鼠尾草、天蓝鼠尾草、林荫鼠尾草、薰衣草等。

图7-216　蓝花鼠尾草花色典雅

图7-217　蓝花鼠尾草白花品种

图7-218　蓝花鼠尾草群花盛景

深蓝鼠尾草

学名：*Salvia guaranitica*

科属：唇形科，鼠尾草属

性状：多年生草本

花期：6～10月

花色：深蓝

株高：80～180cm

图7-219 深蓝鼠尾草

【原产与分布】原产于南美巴西等地，常用园艺品种'Purple Splendour'。

【习性与养护】喜温暖和阳光充足的环境，不耐寒，寒冷地区作一年生栽培。不择土壤，耐干旱，但不耐涝，宜富含腐殖质、排水良好的沙质土壤。生长适应性强，养护管理便利。

【花境应用】深蓝鼠尾草（图7-219）花色呈极深的蓝色，远较其他鼠尾草类更为惊艳，仅有乌头、密花翠雀能与之媲美。其植株高挑，叶片翠绿，穗状花序修长挺拔，花色引人注目，是万花丛中的点睛之笔（图7-220）。在花境配置中，是极佳的背景材料，也适合与其他各类花灌木和宿根花卉搭配，尤其与水果蓝、金叶莸等色叶植物配置，构成色彩对比强烈的夏季花境景观（图7-221）。

同属种：

天蓝鼠尾草（*S. uliginosa*）（图7-222），原产于南美墨西哥及中美洲。也是高大宿根，株高可达1.8m，花量大，夏季盛花，延续至秋季（图7-223）。花色呈独特的天蓝色，给花境带来一抹清丽的色彩，适合大片丛植成景。亦常用于对比色花境中，如与金光菊、金露梅等配植，在斑斓的花境色彩中起过渡和调和作用，热烈而不失雅致（图7-224、图7-225）。

超级鼠尾草［*Salvia × superba*（*Salvia sylvestris × S. amplexicaulis*）］（图7-226），应是鼠尾草属的种间杂交种，最早在重庆地区引种栽培。植株丛生高大，茎直立硬质，四棱明显；叶色深绿；花呈深蓝紫色，着花量大，花序长达40cm以上。生长强健，耐热性极好，盛花期自夏至秋（图7-227）。近年来用于花境配置，管理粗放，是极好的中景和背景材料。

图7-220 深蓝鼠尾草株形直立

图7-221 深蓝鼠尾草与金叶莸搭配

图7-222　天蓝鼠尾草　　　　图7-223　天蓝鼠尾草株形直立　　　　图7-224　天蓝鼠尾草花境应用

图7-225　天蓝鼠尾草清丽的花色　　　　　　　图7-226　超级鼠尾草

图7-227　超级鼠尾草
生长旺盛、花期极长

紫绒鼠尾草

学名：*Salvia leucantha*

科属：唇形科，鼠尾草属

别名：墨西哥鼠尾草

性状：多年生草本

花期：7～11月

花色：紫红色

株高：60～120cm

图7-228 紫绒鼠尾草

【原产与分布】原产于中美洲和墨西哥。

【习性与养护】喜光，也稍耐阴，喜温暖、湿润的环境，稍耐旱。对土壤要求不严，也适应水湿地。生长健壮，几乎无病虫害，管理简易。在浙江地区，冬季地上部分枯萎，宿根越冬，修剪残枝可促进翌年新叶萌发。

【花境应用】紫绒鼠尾草（图7-228）枝叶饱满紧凑，花序修长飘逸，花期长，生长适应性强，是很值得推广的花境植物（图7-229）。群植效果甚佳，毛茸茸的花序随风摇曳，亮丽的紫红色十分醒目，与其他宿根花卉容易搭配，使夏、秋季的花境熠熠生辉。也适宜在林缘坡地、草坪一隅、湖畔河岸和路边点缀布置（图7-230、图7-231）。

【可替换种】'热唇'樱桃鼠尾草（*Salvia × jamensis* 'Hot Lips'）（图7-232），是种间杂交的园艺品种，其亲本之一的樱桃鼠尾草（*Salvia greggii*）原产于美国德州至墨西哥。株高60～100cm，多年生草本或亚灌木状草本，在江南地区常绿或半常绿越冬。花初开时红色，至仲夏为红白两色，下唇端部红色，红白双色，十分可爱；在酷暑环境下为全白或全红色（图7-233）。樱桃鼠尾草具有清新的香味，可与迷迭香、薰衣草等配置香草园，用于配置花境，则带来一抹夏季温馨的色彩（图7-234）。

图7-229 紫绒鼠尾草全株

图7-230 紫绒鼠尾草配置于草坪

图7-231 紫绒鼠尾草配置于路缘

图7-232 '热唇'樱桃鼠尾草

图7-233 '热唇'樱桃鼠尾草花序

图7-234 '热唇'樱桃鼠尾草丛植于路缘

林荫鼠尾草

学名：*Salvia nemorosa*

科属：唇形科，鼠尾草属

性状：多年生常绿草本

花期：5～7月

花色：蓝紫色

株高：30～60cm

图7-235　林荫鼠尾草

【原产与分布】原产于欧洲中部和亚洲西部。

【习性与养护】喜充足光照，稍耐阴，耐寒性强，能耐 -18℃低温。适宜在排水良好的湿润土壤中生长，耐旱性亦强。

【花境应用】林荫鼠尾草（图7-235）的品种系列众多，花色十分丰富，呈现各种蓝紫、紫红、白色等。其株形紧凑，绿叶覆地，且绿叶期长，花序挺拔齐整，是营建花境重要的蓝紫色主调植物，往往在初夏带来一抹梦幻的色彩，在花境植物景观配置中的应用越来越多（图7-236、图7-237、图7-241、图7-242）。

林荫鼠尾草常用的品种系列有：

‘卡拉多纳’林荫鼠尾草（*S. nemorosa* ‘Caradonna’）（图7-238），株形紧凑，直立型，花紫罗兰色，用作花境中景或背景均很醒目（图7-243）。

‘蓝山’林荫鼠尾草（*S. nemorosa* ‘Blauhügel’）（图7-239），生长旺盛，分枝性好，花蓝紫色，花量大且花期极长，是典型的低维护花境植物。

‘雪山’林荫鼠尾草（*Salvia nemorosa* ‘Schneehügel’）（图7-240），花白色，花期长，低维护，能给花境带来清新的色彩。此外，还有‘新篇章蓝色’（‘New Dimension Blue’）、‘新篇章玫红色’（‘New Dimension Rose’）、‘四月夜’（‘April Night’）、‘梅洛蓝色’（‘Merleau’）等新品种不断在推广，其花量大，均是优秀的花境植物。

图7-236　林荫鼠尾草全株株形

图7-237　林荫鼠尾草冬态叶常绿

图7-238 ‘卡拉多纳’林荫鼠尾草

图7-239 ‘蓝山’林荫鼠尾草

图7-240 ‘雪山’林荫鼠尾草

图7-241 林荫鼠尾草与玉簪的色彩对比

图7-242 林荫鼠尾草的花境配置

图7-243 ‘卡拉多纳’林荫鼠尾草在花境中亮丽呈现

石碱花

学名：*Saponaria officinalis*
科属：石竹科，肥皂草属
别名：肥皂草
性状：多年生草本
花期：6～9月
花色：白色、淡红色
株高：30～90cm

【原产与分布】原产于欧洲及西亚，现各地可见栽培。

【习性与养护】喜光照充足，性强健，耐旱，耐寒，华北地区能露地越冬，对环境要求不严格，一般土壤或偏碱性土壤均可生长，能自播。花后修剪，可二次开花并避免倒伏零乱。

图7-244　石碱花

【花境应用】石碱花（图7-244）植株亭亭玉立，聚伞圆锥花序着花繁密，单花白色素净（图7-245、图7-246）。适宜群植、片植或作自然式花境的背景，与大多春花类植物搭配均宜，疏密相间，错落有致，不仅为花境景观增添淡雅色调，也将整体花期延至夏、秋（图7-247）。

【可替换种】同属植物约30种，如岩石碱花（*S. ocymoides*），蔓生，多分枝，花瓣粉红色，花萼红紫色，可做岩石园布置。

图7-245　石碱花全株

图7-246　石碱花花色

图7-247　石碱花片植

'金山'绣线菊

学名：*Spiraea bumalda* 'Gold Mound'
科属：蔷薇科，绣线菊属
性状：落叶小灌木
花期：5～10月
花色：粉红色
株高：30～90cm

图7-248　'金山'绣线菊

【原产与分布】园艺品种，引自美国。

【习性与养护】喜温暖湿润的气候环境，耐寒性较强。喜光，不耐阴，遮阳条件下叶片变薄、变绿。较耐旱，不耐水湿，要求排水良好的肥沃沙质壤土。耐修剪（图7-248～图7-250）。

同属常用的品种：

'金焰'绣线菊（*Spiraea bumalda* 'Gold Flame'）（图7-251），春、秋季叶色艳红，尤其新叶鲜亮，观赏效果极佳，也是常用的色叶类花灌木。

'金喷泉'绣线菊（*Sipraea × vanhouttei* 'Gold Fountain'）（图7-252），叶色金黄鲜亮，株形伸展飘逸，四月盛花时极繁茂，白色花序饱满，如雪球团团，花色与叶色对比明显，观赏价值高（图7-253）。

'粉霜'彩叶绣线菊（*Spireae × vanhouttei* 'Pink Ice'）（图7-254），叶色呈蓝绿色，新叶有粉、白、翠绿三色斑点，株形丰满而不失自然舒展，盛花繁茂，雪白色花球缀满全株，配置于花境中景或后景，带来清新自然的冷色调（图7-255）。

图7-249　'金山'绣线菊花序

图7-250　'金山'绣线菊群植

图7-251 '金焰'绣线菊

图7-252 '金喷泉'绣线菊

图7-253 '金喷泉'绣线菊瀑布般的枝条

图7-254 '粉霜'彩叶绣线菊

图7-255 '粉霜'彩叶绣线菊雪白花球缀满全株

紫娇花

学名：*Tulbaghia vielacea*
科属：石蒜科，紫娇花属
别名：野蒜、非洲小百合
性状：多年生球根花卉
花期：几乎全年开花，以夏、秋为盛
花色：淡紫红色
株高：30～50cm

图7-256　紫娇花

【原产与分布】原产于南非、津巴布韦。

【习性与养护】性喜温暖和光照充足环境，也耐半阴，但荫蔽处开花不良或不开花。要求排水良好、土质肥沃的沙质土或壤土，贫瘠土壤亦能生长，花后立即修剪花茎，可以维持美观，并可以促进再次开花。

【花境应用】紫娇花（图7-256）花茎挺直，叶色鲜嫩油绿，小花秀气而雅致，簇生成伞状花序，且花期极长，繁殖容易，是优良的花境植物（图7-257、图7-258）。适合与色彩素雅的宿根花卉如薰衣草、深蓝鼠尾草、天蓝鼠尾草等组景，或与美人蕉、斑叶芒等不同叶形的植物搭配，相映成趣（图7-259）。

【可替换种】文殊兰（*Crinum asiaticum* var. *sinicum*）、美丽水鬼蕉（*Hymenocallis speciosa*）等。

图7-257　紫娇花花序

图7-258　紫娇花株丛

图7-259　紫娇花花境配置

柳叶马鞭草

学名：*Verbena bonariensis*
科属：马鞭草科，马鞭草属
别名：南美马鞭草、长茎马鞭草
性状：多年生草本
花期：5～10月
花色：紫红、淡紫
株高：120～150cm

图7-260　柳叶马鞭草

【原产与分布】原产于南美洲巴西、阿根廷等地。

【习性与养护】性喜温暖气候，生长适温20～30℃，耐寒性不强，10℃以下生长迟缓。几乎全年开花，在全日照的环境下生长为佳，光照不足则生长不良。对土壤要求不苛，排水良好即可，耐旱能力强，生长势强，养护管理容易。

【花境应用】花茎抽高后的叶转为细长型如柳叶状，因此得名柳叶马鞭草（图7-260）。复伞房花序生于花茎顶部，全株姿态婀娜，株形修长，开花繁茂，花期极长，常用于营造花海、花田景观，也是优秀的花境植物。适宜与细叶或阔叶高茎植物如山桃草、醉蝶花或美人蕉等配植，前景搭配蓝紫色系或黄色系宿根花卉均宜，可以组成花色调和（或）对比强烈的花境。亦可与观赏草植物配植，野趣十足（图7-261～图7-263）。

【可替换种】山桃草、蓍草、毛蕊花或灌状毛蕊花（*Verbascum dumulosum*）等。

图7-261　柳叶马鞭草直立性株形

图7-262　柳叶马鞭草配置自然花境

图7-263　柳叶马鞭草营造花海

穗花婆婆纳

学名：*Veronica spicata*

科属：玄参科，婆婆纳属

性状：多年生草本

花期：6～9月

花色：蓝色

株高：30～60cm

图7-264 穗花婆婆纳

【原产与分布】原产于北欧、中亚及东亚，现广泛栽培。

【养护管理】喜光，也耐半阴，较耐寒。在各种土壤上均能生长良好，宜肥沃、湿润、排水良好的土壤，忌冬季土壤湿涝。

【花境应用】穗花婆婆纳（图7-264）株形秀丽紧凑，长穗状花序直立向上，极为优美，且花色淡雅美丽，花期恰逢仲夏缺花季节，是极佳的花境材料（图7-265、图7-266）。其片植可形成冷色调的单色花境，营造宁静的氛围。亦可配置于花境中部，如与阔叶种大吴风草、虎耳草、松果菊等配植，不但在叶形上形成鲜明的反差，而且在花色和花序上亦形成较大的对比（图7-267）。

图7-265 穗花婆婆纳株丛

图7-266 穗花婆婆纳夏季盛花

图7-267 穗花婆婆纳配置花境

其他花境主调植物

乌头（*Aconitum carmichaeli*）
毛茛科，乌头属

金鱼草（*Antirrhinum majus*）
玄参科，金鱼草属

百子莲（*Agapanthus africanus*）
石蒜科，百子莲属

蓝花耧斗菜（*Aquilegia caerulea*）
毛茛科，耧斗菜属

藿香（*Agastache rugosa*）
唇形科，藿香属

银叶蒿（*Artemisia argyrophylla*）
菊科，蒿属

茵陈蒿（*Artemisia capillaris*）
菊科，蒿属

黄金艾蒿（*Artemisia vulgaris* 'Variegate'）
菊科，蒿属

意大利疆南星（*Arum italicum* 'Pictum'）
天南星科，疆南星属

落新妇（*Astilbe chinensis*）
虎耳草科，落新妇属

射干（*Belamcanda chinensis*）
鸢尾科，射干属

琉璃苣（*Borago officinalis*）
紫草科，琉璃苣属

风铃草（*Campanula medium*）
桔梗科，风铃草属

大花铁线莲（*Clematis patens*）
毛茛科，铁线莲属

三色朱蕉（*Cordyline terminalis* var. *tricolor*）
百合科，朱蕉属

火星花（*Crocosmia crocosmiflora*）
鸢尾科，雄黄兰属

姜荷花（*Curcuma alismatifolia*）
姜科，姜黄属

皇冠贝母（*Fritillaria imperialis*）
百合科，贝母属

波斯贝母（*Fritillaria persica*）
百合科，贝母属

栀子花（*Gardenia jasminoides*）
茜草科，栀子属

勋章菊（*Gazania rigens*）
菊科，勋章菊属

古代稀（*Godetia amoena*）
柳叶菜科，古代稀属

金鸟鹤蕉（*Heliconia psittacorum*）
芭蕉科，火鸟蕉属

银边八仙花（*Hydrangea macrophylla* var. *maculata*）
虎耳草科，绣球属

水鬼蕉（*Hymenocallis americana*）
石蒜科，水鬼蕉属

德国鸢尾（*Iris germanica*）
鸢尾科，鸢尾属

蛇鞭菊（*Liatris spicata*）
菊科，蛇鞭菊属

京红久忍冬（*Lonicera heckrottii*）
忍冬科，忍冬属

紫罗兰（*Matthiola incana*）
十字花科，紫罗兰属

贝壳花（*Molucella laevis*）
唇形科，贝壳花属

美国薄荷（*Monarda didyma*）
唇形科，美国薄荷属

黄房水仙（*Narcissus* 'Tahiti'）
石蒜科，水仙属

红花烟草（*Nicotiona* × *sanderae* 'Salmon Pink'）
茄科，烟草属

南非万寿菊（*Osteospermum ecklonis*）
菊科，蓝眼菊属

芍药（*Paeonia lactiflora*）
芍药科，芍药属

天竺葵（*Pelargonium hortorum*）
牻牛儿苗科，天竺葵属

桔梗（*Platycodon grandiflorus*）
桔梗科，桔梗属

花叶玉竹
（*Polygonatum odoratum* var.*plruiflorum* 'Variegatum'）
百合科，黄精属

地中海蓝钟花（*Scilla peruviana*）
百合科，绵枣儿属

棕叶狗尾草（*Setaria palmifolia*）
禾本科，狗尾草属

簇花庭菖蒲（*Sisyrinchium palmifolium*）
鸢尾科，庭菖蒲属

智利豚鼻花（*Sisyrinchium striatum*）
鸢尾科，庭菖蒲属

第8章

花境填充植物

石菖蒲

学名：*Acorus tatarinowii*

科属：天南星科，菖蒲属

别名：岩菖蒲、菖蒲、水剑草

性状：多年生常绿草本

花期：4～5月

花色：白色

株高：30～40cm

图8-1　石菖蒲

【原产与分布】分布于我国黄河以南各省区。

【习性与养护】性喜温暖湿润环境，生长适温为18～25℃，低于10℃植株停止生长，长江流域地区可露地越冬，北方需防寒。耐阴性强，不耐强光暴晒；喜湿，要保证足够的水分供应，不耐干旱。

【花境应用】石菖蒲（图8-1）叶色深绿光亮，揉搓具芳香。株丛低矮紧凑，是林下阴湿地环境常用的地被植物。适合布置于花境前缘作为填充材料，尤其适合湿地的花境营造。黄白色肉穗花序自基部抽生，直立整齐，简单素净，易与花团锦簇、色彩丰富的植物搭配（图8-2）。在南方表现叶片冬绿特性，可以弥补冬季花境的萧条景象（图8-3）。

【可替换种】常用的同属种或品种有金钱蒲（*Acorus gramineus*），叶片宽不到6cm，芳香。金叶金钱蒲（*A. gramineus* 'Ogan'）（图8-4），叶色金黄亮丽，极佳的常色叶植物。花叶金钱蒲（*A. gramineus* 'Variegatus'）（图8-5），叶片有黄色纵向条纹，清秀可人。

图8-2　石菖蒲肉穗花序

图8-3　石菖蒲湿生生境

图8-5　花叶金钱蒲

图8-4　金叶金钱蒲

亚菊

学名：*Ajania pacifica*

科属：菊科，亚菊属

别名：多花亚菊、太平洋亚菊

性状：多年生草本至亚灌木

花期：9～11月

花色：黄色

株高：35～50cm

图8-6　亚菊

【原产与分布】原产于亚洲中部和东部，我国各地多见栽培。

【习性与养护】性喜凉爽和通风良好、阳光充足、地势高燥的环境，适应性强，耐寒、耐旱、耐瘠薄。不择土壤，病虫害少，管理便利。忌梅雨季的高温高湿，需保持栽植地良好的通风和排水条件。

【花境应用】亚菊（图8-6）常用的园艺品种是'Silver and Gold'，植株色纯质厚、蓬形饱满；花开繁茂，金黄亮丽（图8-7）；叶背银白，叶缘也呈银白色，轮廓分明，花叶共赏（图8-8）。在花境中多作前景填充材料，与低矮匍地的紫叶酢浆草、红景天、美女樱等多年生草本搭配，色彩对比鲜明，层次丰富（图8-9）。

【可替换种】春黄菊、雏菊、南非万寿菊（*Osteospermum*）等。

图8-7　亚菊盛花景观

图8-8　亚菊叶色

图8-9　亚菊与美女樱

匍匐筋骨草

学名：*Ajuga reptans*
科属：唇形科，筋骨草属
性状：多年生草本
花期：4 ～ 5 月
花色：蓝紫色
株高：10 ～ 25cm

图8-10 匍匐筋骨草

【原产与分布】原产于欧洲、北非和亚洲西南部，国内引种栽培。

【习性与养护】喜半阴环境，也适应全光照。耐寒性强，耐高温、耐旱。在酸性、略湿润的土壤中生长良好，但需排水良好，忌湿涝。

【花境应用】匍匐筋骨草（图8-10）的株丛低矮呈莲座状，生长季节叶片绿中带紫，入秋后变为紫红色，春季开蓝紫色花，地上部全年常绿，具有较高观赏价值（图8-11、图8-12）。养护粗放且喜半阴，适合作为地被应用。在花境中常植于前景填充，与草坪自然衔接；如与金叶过路黄、金叶佛甲草等配植，则形成株形、叶色上的对比。

【可替换种】同属的多花筋骨草（*A. multiflora*），园艺品种较多。直立筋骨草（*A. genevensis*），长穗状花序，花冠蓝紫色，也有粉色、白色，花期较长（图8-13）。

图8-11 匍匐筋骨草株丛

图8-12 匍匐筋骨草盛花

图8-13 直立筋骨草

木茼蒿

学名：*Argyranthemum frutescens*

科属：菊科，木茼蒿属

别名：玛格丽特

性状：多年生草本

花期：3～7月

花色：粉红、白

株高：30～50cm

图8-14　木茼蒿

【原产与分布】原产于地中海，分布于北温带至热带和南非。

【习性与养护】喜全光照条件，宜湿润与凉爽气候，需排水良好的土壤，可耐瘠薄。多年生草本常作一二年生栽培，秋9～10月播种，管理便利。

【花境应用】木茼蒿（图8-14）盛开时繁花似锦，成片的粉色令人耳目一新，富有暖意和活力，尤其花期长，是布置春、夏季花境前景和中景的理想填充材料（图8-15）。粉色的花朵适宜与薰衣草、鼠尾草、飞燕草等蓝紫色系花卉混合种植，构成粉色到紫色渐变的效果。木茼蒿花秀叶翠，与草坪能形成自然过渡（图8-16）。

【可替换种】蒲公英属（*Taraxacum*）植物，紫菀属（*Aster*）植物等。

图8-15　木茼蒿春季盛花

图8-16　木茼蒿与草坪自然过渡

海石竹

学名：*Armeria maritima*

科属：白花丹科，海石竹属

性状：多年生草本

花期：4～6月

花色：紫红、粉红、白色

株高：10～25cm

图8-17　海石竹

【原产与分布】原产于欧洲、美洲的山地与沿海地区。

【习性与养护】喜光照充足、凉爽通风的环境。耐寒性强，抗干旱，但忌酷暑。耐盐碱，耐瘠薄，栽植地不需肥沃，但需干燥、排水良好。病虫害少，管理便利。

【花境应用】海石竹（图8-17）莲座状丛生，小巧可人，是理想的花境填充植物（图8-18）。花期暮春至初夏，花茎纤细挺拔，顶生头状花序，小花繁茂。其耐旱性突出，尤其适合用于岩石园花境配置，可与金叶过路黄、垂盆草、宿根福禄考等低矮匍地植物组合成景，观赏期长。海石竹园艺品种丰富，常用的有'Glory of Holland' 'Joystick'等（图8-19、图8-20）。

【可替换种】矮生沿阶草（俗称矮麦冬）（*Ophiopogon japonicus* var. *nana*）、虎耳草（*Saxifraga stolonifera*）等。

图8-18　海石竹株形

图8-19　海石竹品种
'Glory of Holland'）

图8-20　海石竹原生海岛礁石

岩白菜

图8-21 岩白菜

学名：*Bergenia purpurascens*
科属：虎耳草科，岩白菜属
性状：多年生常绿草本
花期：4～10月
花色：红或粉红
株高：10～40cm

【原产与分布】原产于我国西南各地。

【习性与养护】喜凉爽和半阴环境，耐寒性强，在阴坡、腐殖质层深的土壤生长最为旺盛。春、秋季需阳光，夏季应适当遮阳，否则叶片易灼伤。生长期保持土壤稍湿润，但不能积水，否则易烂根。生长期每半月施肥1次，但不能过量，否则会影响开花。

【花境应用】岩白菜（图8-21）植株丛生，叶片常绿、肥大而厚，秋冬遇低温则转为红色，花开清艳，花期长，是花叶俱美的常绿宿根花卉（图8-22）。尤其适合于庭院花境，作为前景材料并能丰富冬季的花境景观，或与低矮且叶片厚实的景天科植物搭配，营造出富有亲和力的花境效果（图8-23）。

【可替换种】同属种心叶岩白菜（*B. cordifolia*），叶心形或圆形、质厚（图8-24）。江南地区常绿宿根花卉，如虎耳草（*Saxifraga stolonifera*）、白穗花（*Speirantha gardenii*）、富贵草（*Pachysandra terminalis*）等。

图8-22 岩白菜盛花

图8-23 岩白菜前景种植

图8-24 心叶岩白菜冬叶转红

白晶菊

学名：*Chrysanthemum paludosum*
科属：菊科，茼蒿属
别名：晶晶菊、小白菊
性状：一二年生草本
花期：3～5月
花色：白
株高：15～25cm

图8-25 白晶菊

图8-26 白晶菊片植

图8-27 与丽格海棠和薰衣草配植

【原产与分布】原产于北非及西班牙。

【习性与养护】喜阳光充足而凉爽的环境。耐寒，忌高温多湿，在阴凉通风的环境中能延长花期。每次花后摘心可连续开花，通过栽培调控的花期可长达180天。不择土壤，但以种植在疏松肥沃、湿润的壤土或沙质壤土中生长最佳。

【花境应用】白晶菊（图8-25）自早春开花，花期长达3个月，舌状花银白清丽，筒状花金黄鲜亮，叶片翠绿浓郁。植株低矮整齐，在花境中最宜成片栽植，或作前景铺垫，或形成色块，或填充空隙，给人清新明快的感觉（图8-26）。白花素洁，适宜与各类花色搭配，尤其宜与紫色、黄色系花卉如薰衣草、凤尾蓍等组合，营造优雅的花境（图8-27）。

【可替换种】同属种如黄晶菊（*C. multicaule*），花黄色，其他特征同白晶菊。花环菊（*C. carinatum*），原产于摩洛哥，舌状花多为橙红色，中央黑色带黄色花环，花期春季至初夏。

欧石楠

学名：*Erica* spp.
科属：杜鹃花科，欧石楠属
性状：常绿小灌木
花期：10月～翌年5月
花色：红、粉、白、紫色等
株高：20～40cm

图8-28　欧石楠

【原产与分布】原产于南非、地中海、欧洲。该属逾700种，且园艺品种极为丰富。

【习性与养护】喜凉爽气候，适宜生长温度为15～25℃，不耐夏季高温，最好不要超过35℃；耐寒，可耐-20℃低温，但干燥寒冷的冬季最好采取覆盖措施。喜光，但对光照要求不甚严格。耐旱，栽培以酸性的沙质壤土为宜。

【花境应用】欧石楠（图8-28）植株低矮，多分枝，株形优雅，呈几乎完美的半球形（图8-29）；小花密集，花色绚丽迷人，是著名的冬季开花小灌木，在欧洲广泛栽培。群植灿烂，也可用于混合花境，团团簇簇的前景效果，极大地丰富了花境的色彩、季相和立面景观（图8-30、图8-31）。

【可替换种】帚石楠（*Calluna vulgaris*），常绿灌木，花色、花形及株形都与欧石楠相似（图8-32）。

图8-29　欧石楠株形

图8-30　欧石楠庭院花境

图8-31　欧石楠群植景观

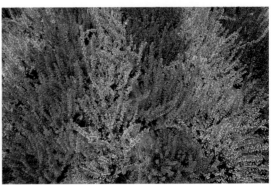
图8-32　帚石楠

禾叶大戟

学名：*Euphorbia graminea*

科属：大戟科，大戟属

性状：多年生草本作一二年生栽培

花期：春、夏季

花色：白色

株高：30～80cm

图8-33　禾叶大戟

【原产与分布】原产于古巴、墨西哥及美国南部等。

【习性与养护】喜阳光充足，可在全日照或半阴条件下正常生长，耐旱，适合排水良好的肥沃土壤。作为长日照植物，在养护管理中可于冬、春季应用辅助光照确保其植株生长良好。

【花境应用】禾叶大戟（图8-33）植株自然精致，春、夏季开花繁密，花期长，最长可达8～10个月，可用于布置花坛、花境、岩石园，也可用于盆栽观赏（图8-34、图8-35）。在花境中，可与黄色系、蓝紫色系或粉色系的植物材料如宿根福禄考搭配种植于花境中，增添天然野趣（图8-36）。

【可替换种】香雪球（*Lobularia maritima*）。

图8-34　禾叶大戟小花清秀

图8-35　禾叶大戟叶形与花序

图8-36　禾叶大戟组合花坛

地果

学名：*Ficus tikoua*

科属：桑科，榕属

别名：地石榴、过山龙

性状：木质藤本

观赏期：全年

叶色：翠绿

株高：5～15cm

图8-37　地果

【原产与分布】产于湖南、湖北、广西、贵州、云南、西藏、四川、甘肃、陕西南部，印度东北部、越南北部、老挝也有分布。常生于海拔400～1000m较阴湿的山坡路边以及荒地、草坡或岩石缝中。

【习性与养护】耐阴湿，耐贫瘠，生性强健，耐践踏。在江南地区冬季表现常绿。

【花境应用】地果（图8-37）叶色翠绿，枝叶繁茂，紧贴地面或岩石生长，苍劲又不失生命力，并且可以防沙固土，具有很好的生态价值和观赏价值（图8-38）。植株低矮，匍匐性好，适宜岩石园配置，也是花境良好的前景填充植物，就如同铺上了自然的绿色地毯，生机勃勃。养护管理粗放，与玉簪、佛甲草、翠云草等搭配，更能相互衬映成趣（图8-39、图8-40）。

【可替换种】薜荔（*Ficus pumila*）、紫金牛等。

图8-38　岩石上刚长出新叶的地果

图8-39　与大吴风草、玉簪、佛甲草等配植

图8-40　地果的攀援性强

堆心菊

学名：*Helenium autumnale*
科属：菊科，堆心菊属
别名：翼锦鸡菊
性状：多年生草本
花期：7～10月
花色：黄色
株高：50～100cm

图8-41 堆心菊

【原产与分布】原产于北美，世界各地广泛栽培。

【习性与养护】喜光照充足的环境，抗寒，耐–30℃低温。耐旱，不择土壤，在疏松肥沃、排水良好的中性沙壤土中生长最好。生长期每周浇水一次，花谢后及时修剪枯枝叶，一是促使花蕾形成，二是防止后期植株倒伏。

【花境应用】堆心菊（图8-41）株形饱满，开花繁密，花色纯黄，花开不断，在炎热的夏季盛花开放，观赏期长达3～4个月，极具观赏价值。可栽植应用于花坛镶边或用作地被，也是夏、秋季花境极好的前景、中景填充材料，为花境增添几分活力（图8-42）。堆心菊的园艺品种极为丰富，花色涉及红、橙、黄、粉等（图8-43～图8-45）。

【可替换种】金鸡菊、天人菊的园艺品种，如'月光'金鸡菊（*Coreopsis verticillata* 'Moonbeam'）、'梅萨黄'天人菊（*Gaillardia aristata* 'Mesa Yellow'）等。

图8-42 堆心菊群植效果

图8-43 堆心菊品种 'Helena Mix'

图8-44 堆心菊品种 'Salud Golden'

图8-45 堆心菊品种 'Mariachi'

铁筷子

学名：*Helleborus thibetanus*

科属：毛茛科，铁筷子属

别名：嚏根草

性状：多年生常绿草本

花色：淡黄绿色、粉色等

花期：2～4月

株高：30～50cm

图8-46 铁筷子

【原产与分布】原产于我国四川西北部、甘肃南部、陕西南部和湖北西北部等。

【习性与养护】喜半阴、湿润、凉爽环境，耐寒性强，但忌干冷，不耐强光、酷暑、干燥。较耐贫瘠，但宜肥沃深厚的土壤。

【花境应用】铁筷子（图8-46）株形低矮，花叶形态奇特，萼片花瓣状，低垂含蓄，整体质感清爽自然，具有独特的观赏价值（图8-47、图8-48）。喜荫蔽环境，适合作为林下地被或在阴生花境中应用，开花较早，且花期长，是早春花境的优良材料。园艺品种丰富，花色极为繁多（图8-49）。

【可替换种】紫金牛、朱砂根、玉竹、花叶玉竹等。

图8-47 铁筷子萼片花瓣状低垂

图8-48 铁筷子重瓣品种 'Double Ellen'

图8-49 铁筷子适合林下栽植

蓝香芥

学名：*Hesperis matronalis*

科属：十字花科，香花芥属

别名：欧亚香花芥

性状：二年生或多年生草本

花期：3 ～ 6 月

花色：粉白、淡紫、紫色

株高：60 ～ 90cm

图8-50　蓝香芥

【原产与分布】原产于欧洲至中亚。

【习性与养护】喜光照充足环境，亦稍耐阴，要求中度湿润、排水良好的土壤。养护要求低，管理粗放。可自播繁衍。

【花境应用】蓝香芥（图8-50）蓝紫色小花亮丽清新，高度适中，适于布置粗犷的自然式花境，常作为花境的中景材料或填充过渡，与花色鲜艳的花菱草、石竹类等搭配，有团簇锦绣的气势（图8-51）。不耐热，夏季枯死，可与醉蝶花等夏季开花植物配植以延长整体观花效果（图8-52）。

【可替换种】诸葛菜（*Orychophragmus violaceus*）、宿根福禄考（*Phlox paniculata*）等。

图8-51　蓝香芥群植

图8-52　蓝香芥花境应用

矾根

学名：*Heuchera micrantha*
科属：虎耳草科，矾根属
别名：珊瑚铃
性状：多年生草本
花色：红色、白色
花期：4～10月
株高：10～50cm

图8-53　矾根

【原产与分布】原产于美洲中部，我国广泛引种栽培。

【习性与养护】喜半阴环境，忌强光直射。耐寒性强，可耐-20℃低温。耐贫瘠，但喜湿润且排水良好、富含腐殖质的土壤。适应性强，养护管理简单。值得注意的是，夏季湿热地区不适宜矾根露地生长，栽植地应尽量选择高燥、通风之处。

【花境应用】矾根（图8-53）品种多、叶色丰富、花期长，观赏价值高，是园林地被、林下花境的重要材料，也可配置于花坛、花带边缘和岩石园等，还可在家庭园艺中应用，突显其色彩优势。矾根常填充于花境前景处，丰富下层色彩，其花茎挺拔而清秀，为花境增添灵动感（图8-54～图8-58）。

【可替换种】同属的红花矾根（珊瑚钟）（*H. sanguinea*）、黄水枝属（*Tiarella*）园艺品种（图8-59），以及泡沫花（*Heucherella*）（矾根与黄水枝的属间杂交种，比矾根更耐水湿）等。

图8-54　矾根的叶花俱美

图8-55　矾根花境

图8-58　矾根品种'冰裂'

图8-56　矾根品种'酒红'

图8-59　'甜心辣妹'
黄水枝（*Tiarella* 'Sugar and Spice'）

图8-57　矾根品种'栀子黄'

花叶玉簪

学名：*Hosta* cvs.

科属：百合科，玉簪属

性状：多年生草本

花期：7～9月

花色：白或淡紫色

株高：40～60cm

图8-60　花叶玉簪

【原产与分布】为玉簪属园艺品种的泛称，现世界各地广泛栽培。

【习性与养护】性喜凉爽，适生温度15～22℃。喜半阴环境，应避免阳光直射，尤其夏季高温时，如无遮阳、保湿条件，极易灼叶。

【花境应用】玉簪（图8-61）是世界三大宿根花卉之一，园艺品种极为繁多。花叶玉簪（图8-60）叶片宽大厚绿、彩纹饰边明净亮丽，开花淡优雅素净，是花叶俱美的著名观赏植物。在园林中应用甚广，常于林下、林缘、溪边、庭院栽植，适于配置林下阴生花境，适合作为丰富叶色对比的填充材料，营造更富自然气息的花境（图8-62～图8-64）。

【可替换种】常见品种如 *H.* 'So Sweet'、*H.* 'Frances Williams'、*H. fortunei* 'Aurea'、*H.* 'Sagae'、*H.* 'Sum and Substance'等。也可用矾根、大吴风草等替换配置。

图8-61　玉簪（原种）（*Hosta plantaginea*）

图8-62　花叶玉簪与花叶薄荷配植

图8-63　花叶玉簪在路缘自然衔接

图8-64　花叶玉簪丰富前景叶色

血草

学名：*Imperata cylindrica* 'Red Baron'
科属：禾本科，白茅属
别名：日本血草、红叶白茅
性状：多年生草本
观赏期：全年
叶色：血红色
株高：30～50cm

【**原产与分布**】原种产于中国、日本、朝鲜等的低洼地，该种为栽培品种。

【**习性与养护**】暖季型草，性强健，具一定耐寒性。需全日照环境，耐轻度遮阳。宜湿润、肥沃土壤，可于浅水中栽植。养护简便，花后应进行梳理，清除花枝残叶，保持株形、叶色的观赏效果，冬季低剪至地面。

图8-65　血草

【**花境应用**】血草（图8-65）叶色观赏价值高，春季初生叶亮绿色，叶端为酒红色（图8-66）；秋季叶片血红色；冬初叶片铜色。在花境配置中常作为镶边材料，也可作为填充材料搭配其他植物，或在局部点缀种植，如与株形披散的植物配植，则形成对比，增添赏景趣味（图8-67～图8-69）。

【**可替换种**】金叶薹草（*Carex oshimensis* 'Evergold'）、棕红薹草（*Carex buchananii*）等。

图8-66　血草春季初生叶

图8-67　血草布置路缘

图8-68　血草花境应用

图8-69　血草与花叶芦竹配植

香雪球

学名：*Lobularia maritima*
科属：十字花科，香雪球属
性状：多年生草本
花色：白、粉、玫红、紫等
花期：4～7月
株高：10～40cm

图8-70　香雪球

【原产与分布】原产于地中海沿岸，栽培品种丰富。

【习性与养护】喜冷凉气候，忌炎热；需阳光充足，稍耐阴；较耐干旱，忌涝，宜疏松和排水良好的土壤。对肥水要求较多，生长季每隔半月或一月追施液肥一次。

【花境应用】香雪球（图8-70）植株矮小，多分枝，匍匐生长，开花繁密，花期长，香味清雅，是布置花坛、花境和岩石园的优良材料，也用作镶边植物，盆栽观赏效果也好。在花境应用中，常填充于花境边缘（图8-71～图8-74）。

【可替换种】香彩雀（*Angelonia salicariifolia*）、美女樱（*Verbena hybrida*）等。

图8-71　岩石园中配置的香雪球

图8-72　香雪球镶边种植

图8-73　香雪球与黄晶菊

图8-74　淡紫色香雪球片植

洋甘菊

学名：*Matricaria recutita*
科属：菊科，母菊属
别称：母菊
性状：一年生草本
花期：4～5月
花色：白色
株高：30～50cm

图8-75　洋甘菊

【原产与分布】产于我国新疆北部和西部，生于河谷旷野、田边。欧洲、亚洲北部与西部也有分布。

【习性与养护】喜阳光充足，较耐寒，适应性强，喜沙质、干燥、排水良好的土壤。养护粗放，管理简单。

【花境应用】洋甘菊（图8-75）株丛直立，羽状全裂叶质感细腻，花序向上绽放，花色素雅，姿态轻盈劲挺（图8-76、图8-77）。全草芳香，具有杀菌、驱虫等有益的特性，是一种应用广泛的药用植物和芳香植物，可与薄荷、迷迭香、百里香等搭配，配置香草园。可孤植作为点景，也可片植成景，亦可作为主材配置于花境前景或中景处，增添雅致野趣（图8-78）。

【可替换种】德国洋甘菊（*Matricaria chamomilia*）、罗马洋甘菊（*Anthemis nobilis*）、果香菊（又称洋甘菊，*Chamaemelum nobile*）等。

图8-76　洋甘菊花形

图8-77　洋甘菊全株

图8-78　洋甘菊片植

葡萄风信子

图8-79 葡萄风信子

学名：*Muscari botryoides*

科属：百合科，蓝壶花属

别名：葡萄百合、蓝壶花、葡萄水仙

性状：多年生草本

花期：3～4月

花色：蓝紫色

株高：15～20cm

【原产与分布】原产于欧洲南部，现世界各地栽培广泛。

【习性与养护】性耐寒，可耐半阴。地下具小鳞茎，属球根花卉，要求富含腐殖质、疏松肥沃、排水良好的土壤，应选择地势高燥、土层深厚处栽植。管理方便，春季抽叶后追施1～2次稀薄液肥即可。

【花境应用】葡萄风信子（图8-79）植株低矮覆地，花如葡萄般成串密生，花色蓝紫醇厚，具雍容华贵的气质，在疏林草地上片植构成诱人的景致。葡萄风信子开花极早且花期较长，为早春花境镶边的理想材料，也可用于混植于花境前景，丰富早春季相。如与红色的郁金香、黄色的洋水仙、白色的风信子等球根花卉配植，营造出浪漫的地中海风情（图8-80～图8-82）。

【可替换种】阿美尼亚葡萄风信子（*M. armenicum*）。

8-80　葡萄风信子与洋水仙配植

8-81　葡萄风信子作为镶边材料

图8-82　葡萄风信子配置球根花境

美丽月见草

学名：*Oenothera speciosa*
科属：柳叶菜科，月见草属
别名：待霄草、山芝麻
性状：多年生草本
花期：7～9月
花色：浅粉色
株高：20～45cm

图8-83 美丽月见草

【原产与分布】原产于美国南部，现各地均有栽培。

【习性与养护】稍耐寒，宿根越冬，江南地区落叶晚，冬季将地面以上枯萎部分清除即可。冬季新生的叶片紧贴地面生长，仍能保持绿色。喜光，稍耐阴。较耐旱，忌积水，喜排水良好的沙质壤土。栽培时勿多施氮肥，以防植株徒长倒伏。

【花境应用】美丽月见草（图8-83）植株低矮，花色清新淡雅、惹人怜爱，每年开花不绝。常用于布置夏、秋季花境前景或间植填充，与金鸡菊、天人菊等构成明快活泼的色彩效果，而与蓝花鼠尾草、穗花婆婆纳等冷色调宿根花卉配植，则更具自然色彩之情趣（图8-84～图8-86）。美丽月见草的地下茎生长迅速，具有一定的侵略性，与其他花卉植物混植时需要注意。

【可替换种】同属种月见草（*O. biennis*），花黄色，傍晚开放，略有香气，花期6～9月。

图8-84 与花叶薄荷混植

图8-85 美丽月见草片植景观

图8-86 与迷迭香、鼠尾草等配植

诸葛菜

学名：*Orychophragmus violaceus*

科属：十字花科，诸葛菜属

别名：二月兰

性状：一二年生冬绿草本

花期：3～6月

花色：蓝紫色、紫色或白色

株高：30～50cm

图8-87　诸葛菜

【原产与分布】原产于我国东部，常见于东北、华北等地区。

【习性与养护】耐寒性强，冬季常绿。喜光，耐半阴，性强健。不择土壤，在中性和微酸性土壤中都能生长。一般于9月直接撒播，亦可春播，但长势差、开花少。具很强的自播繁衍能力，并有较强的抗杂草能力，栽培管理粗放。

【花境应用】诸葛菜（图8-87）蓝紫色的花给人带来清新的感受，且适应性强、生长迅速，自播成景，花期长，耐阴性强，适宜在疏林下、路缘作为观花地被植物（图8-88）。诸葛菜冬叶常绿，是弥补冬季花境景观单调的重要草本植物。在混合花境中作为前景或填充植物，与各种花色、叶色的花灌木和多年生草本混植均可，与春花植物如白晶菊、黄晶菊等搭配，构成淡雅的组合花境，表现生机盎然的春季景观（图8-89、图8-90）。

【可替换种】蓝香芥、姬小菊等。

图8-88　诸葛菜花序

图8-89　诸葛菜与沿阶草混植

图8-90　诸葛菜林缘片植

芙蓉酢浆草

学名：*Oxalis purpurea*
科属：酢浆草科，酢浆草属
性状：多年生草本
花色：粉红、玫红、淡紫、白色
花期：10～翌年4月
株高：10～20cm

图8-91　芙蓉酢浆草

【原产与分布】原产于非洲南部。

【习性与养护】喜温暖、湿润和阳光充足的环境，略耐阴，对光敏感，若生长期间光照不足易卷皱、黄叶或茎节过长。忌高温干燥，在肥沃、疏松及排水良好的沙质土壤中生长良好。生长期要随时摘除黄叶和枯叶，花后摘除残花。

【花境应用】芙蓉酢浆草（图8-91）株形整齐，花似芙蓉，花大色艳，花色丰富，花期长，能从秋、冬到春季持续开花，观赏价值高（图8-92）。适合作为观花地被或花坛种植，在花境中常作为前景填充植物，与草坪自然衔接，是丰富冬季与早春景观色彩的优良材料（图8-93、图8-94）。

【可替换种】红花酢浆草（*Oxalis corymbosa*）、酢浆草（*O. corniculata*）等。

图8-92　芙蓉酢浆草花大色艳

图8-93　芙蓉酢浆草群体景观

图8-94　芙蓉酢浆草冬季仍有花

紫叶酢浆草

学名：*Oxalis violacea* 'Purpule Leaves'

科属：酢浆草科，酢浆草属

别名：红叶酢浆草、三角酢浆草

性状：多年生草本

花期：4～11月

花色：淡红、淡紫色

株高：15～20cm

图8-95 紫叶酢浆草

【原产与分布】原产于美洲热带地区，现广为应用。

【习性与养护】喜温暖湿润环境，全日照、半日照环境或稍阴处均可生长。生长适温24～30℃，需排水良好、富含腐殖质的沙质壤土。生长期要保持土壤湿润，盛夏高温季进入休眠；冬季浓霜后地上部分叶片枯萎，以根状茎在地下越冬，翌年3月萌发新叶。

【花境应用】紫叶酢浆草（图8-95）植株低矮整齐，叶色深紫红，色叶期长达8个月；小花粉白色，与叶色的对比感强。成片或带状栽植于草地上雍容秀丽，或作草坪缀花亦美丽飘逸。花境应用常丛植填充，如与其他的彩叶植物如金山绣线菊、花叶薄荷等搭配，色彩对比感强烈（图8-96～图8-100）。

【可替换种】彩叶草（*Coleus blumei*）、紫竹梅（*Setcreasea pallida*）等。

图8-96 与金山绣线菊搭配

图8-97 与花叶薄荷叶色对比

图8-98 与彩叶草叶色协调

图8-99 与蓝羊茅叶形叶色对比

图8-100 紫叶酢浆草作花境前景

冰岛罂粟

学名：*Papaver nudicaule*
科属：罂粟科，罂粟属
别名：冰岛虞美人
性状：多年生草本
花期：4～6月
花色：橙红、黄、粉、白色或复色
株高：30～60cm

图8-101 冰岛罂粟

【原产与分布】原产于欧洲北部和北美，我国各地均有栽培。

【习性与养护】喜阳光充足、气候凉爽、高燥通风的环境，耐寒性强，耐旱，但不耐热。对土壤要求不严格，喜深厚肥沃、排水良好的沙质壤土。直根系，不耐移植。

【花境应用】冰岛罂粟（图8-101）开花整齐，花色艳丽，是春季常用的花坛花材料（图8-102）。单花的花期虽短，但因整株的花蕾多，观赏期可达一个月以上。多年生草本当作一二年生栽培，在花境中作为春季换花的填充性材料，片植或丛植皆宜，易产生强烈的视觉冲击力（图8-103）。

【可替换种】同属种有虞美人（*P. rhoeas*），一年生草本，全株被糙毛，叶二回羽状细裂，花红色。东方罂粟（*P. orientale*），多年生草本，叶羽状深裂，花猩红色，基部具紫黑色斑（图8-104）。

图8-102 冰岛罂粟花色艳丽

图8-103 冰岛罂粟群植效果

图8-104 东方罂粟

丛生福禄考

学名：*Phlox subulata*

科属：花荵科，福禄考属

别名：针叶天蓝绣球

性状：多年生草本

花期：春、夏

花色：蓝、紫红、深红、粉、白等色

株高：10～15cm

图8-105　丛生福禄考

【原产与分布】原产于北美，现各国广为栽培。

【习性与养护】耐寒性强，霜后仍保持常绿，但忌酷热。喜阳光充足，也能耐半阴。耐旱性强，忌水湿。在排水良好、富含腐殖质的中性土壤中生长良好。定植后浇透水，保持采光好、高燥条件即可，管理便捷。

【花境应用】丛生福禄考（图8-105）的簇叶如地毯般铺覆，茂密、蔓生，特别适合于阳性地被或花田、花海布置，在花境中适合作前景植物或填充材料，既可丰富春季色彩，也可延续冬季绿色（图8-108）。如与美女樱、毛地黄、钓钟柳等宿根花卉配植，组成层次饱满、观赏期长的宿根花境；或由本种的不同园艺品种组合搭配，亦可营造缤纷的景观（图8-106、图8-107）。

【可替换种】红花酢浆草、芙蓉酢浆草等。

图8-106　丛生福禄考群花

图8-107　'雪青'丛生福禄考

图8-108　丛生福禄考花田

白头翁

学名：*Pulsatilla chinensis*

科属：毛茛科，白头翁属

别名：白头草、羊胡子花

性状：多年生草本

花期：4～5月

花色：蓝紫色

株高：20～40cm

图8-109　白头翁

图8-110　白头翁初花

【原产与分布】原产于中国，除华南外各地均有分布。

【习性与养护】性耐寒，喜凉爽气候。喜光，也能耐半阴，向阳的环境生长比较好。忌积水，夏季多雨季节注意排水良好防止积水。不耐移植，喜肥沃及排水良好的土壤。

【花境应用】白头翁（图8-109）株形玲珑，花色淡雅，花形优雅美丽，果期羽毛状花柱宿存，形如发，极为别致，是极佳的观花、观果花卉（图8-110、图8-111）。白头翁株形飘洒自如，野趣盎然，丛植或点缀作为花境的前景，与铃兰、白晶菊等配植，可营造淡雅、野趣十足的早春花境。

【可替换种】网球花（*Haemanthus multiflorus*），花期6～7月，红色伞形花序排列成球状，远观富有茸毛质感，与白头翁花后飘逸的白色姿态有异曲同工之妙。

图8-111　白头翁花柱

'紫王子' 旋叶鼠尾草

学名：*Salvia lyrata* 'Purple Prince'

科属：唇形科，鼠尾草属

别名：紫红鼠尾草

性状：多年生草本

叶色：紫色

花期：4～5月

株高：20～30cm

图8-112 '紫王子' 旋叶鼠尾草

【原产与分布】原产于美国，分布在康涅狄格西部到密苏里州，以及南部地区的佛罗里达西部到德克萨斯州。该种是栽培品种。

【习性与养护】喜阳光充足环境，也耐半阴。对土壤要求不严，喜湿润、排水良好的土壤，耐干旱。养护管理便利。

【花境应用】'紫王子' 旋叶鼠尾草（图8-112）叶丛紧贴地面，呈莲座状，叶色终年紫红色，江浙地区在春季抽出挺立的花序，开浅粉紫色花，清秀雅致。在花境中，适合用于前景或镶边材料，尤其常绿和紫红色叶片的特点可以弥补花境冬季、早春景观的不足（图8-113）。

【可替换种】'紫火山' 旋叶鼠尾草（*Salvia lyrata* 'Purple Volcano'），又名紫红鼠尾草（图8-114）；匍匐筋骨草（*Ajuga reptans*）、多花筋骨草（*A. multiflora*）等。

图8-113 '紫王子' 旋叶鼠尾草配置花境前景

图8-114 '紫火山' 旋叶鼠尾草

艾氏虎耳草

学名：*Saxifraga × arendsii*

科属：虎耳草科，虎耳草属

别名：阿伦兹虎耳草

性状：多年生草本

花色：白色、粉红色、玫瑰色

花期：3～5月

株高：10～20cm

图8-115 艾氏虎耳草

【原产与分布】为包含40多种栽培品种的群组（The Dactyloides Group）。最初由位于德国伦斯多夫（Ronsdorf）的阿伦兹苗圃（Arends）杂交培育，后由瑞士先正达公司（Syngenta）推出*Saxifraga × arendsii* Touran系列，包括深红色、霓虹玫瑰色、猩红色和白色等品种。

【习性与养护】喜阳光充足，稍耐阴，适宜湿润、富含腐殖质、排水良好的沙质土壤，不耐干旱、不耐高温，忌土壤湿涝，不能忍受南方极端的夏季湿热环境。养护时应避免高营养，否则导致其过度营养生长并可能推迟花期，花后剪去花茎可促进株形紧密。

【花境应用】艾氏虎耳草（图8-115）植株丛生呈半球状的垫状体，叶形小，叶色翠绿。开花量大，早春至暮春，粉红色、玫瑰色的小花亭亭而立于叶丛之上，姿态可爱，具有很高的观赏性（图8-116～图8-118）。适合应用于岩石园，或作为地被植物；在花境中适合填充前景，清秀耐看。

【可替换种】虎耳草、红花酢浆草、白花车轴草等。

图8-116 艾氏虎耳草清秀小花

图8-117 艾氏虎耳草垫状株形

图8-118 艾氏虎耳草不同花色

翠云草

学名：*Selaginella uncinata*

科属：卷柏科，卷柏属

别名：蓝草、蓝地柏

性状：多年生草本

观赏期：全年

叶色：蓝绿色

株高：5～15cm

图8-119　翠云草

【原产与分布】原产于中国，为中国特有，其他国家也有栽培。分布于我国浙江、福建、台湾、广东、广西、湖南、贵州、云南、四川等省区。

【习性与养护】喜温暖湿润的半阴环境，不耐干旱、不耐暴晒，喜肥沃疏松、排水良好的弱酸性沙质壤土。

【花境应用】翠云草（图8-119）株形低矮，形态奇特。叶似云纹，层层叠叠，精致优雅，独特的蓝绿色具有孔雀羽毛一般的光泽，十分引人注意，初夏时节为其最佳观赏期。适合作为阴生花境的前景，也适合应用于岩石园、水景园，在岩石缝隙以及湖畔、溪岸、瀑布流水旁配置，可以增添清新又不失雅致的色彩（图8-120、图8-121）。

【可替换种】矾根（*Heuchera* spp.）、狼尾蕨（*Dauallia bullata*）等。

图8-120　翠云草与玉簪配植

图8-121　翠云草覆地性强

绵毛水苏

学名：*Stachys lanata*
科属：唇形科，水苏属
性状：多年生草本
花期：5～7月
花色：紫红色
株高：30～60cm

图8-122 绵毛水苏

【原产与分布】原产于巴尔干半岛、黑海沿岸至西亚。

【习性与养护】喜光照充足环境，耐寒，可耐−20℃低温。对炎热潮湿的气候较敏感，避免从叶上浇水，防止叶片积水腐烂；忌水涝，在南方雨季注意保持排水和通风良好；耐旱，亦耐瘠薄，勿施肥过度。

【花境应用】园艺品种多，如'Cotton Boll''Primrose Heron''Silver Carpet''Big Ears'等。绵毛水苏（图8-122）叶片宽大肥厚，密被灰白色丝状绵毛，表现出柔和的银白色；花序直立，竖向感强，小花紫红，别致而淡雅（图8-123）。作为色块填充材料用于花境，宜与各色花卉搭配；叶丛低矮，匍地性强，银白一片，是理想的花境镶边材料。绵毛水苏还具有优良的耐热、耐旱特性，也适合岩石园花境配置应用（图8-124、图8-125）。

【可替换种】同属种德国水苏（*S. germanica*）；银叶菊、银香菊、银叶蒿等。

图8-123 绵毛水苏花序

图8-124 绵毛水苏群植

图8-125 绵毛水苏花境配置

细茎针茅

学名：*Stipa tenuissima*
科属：禾本科，针茅属
别名：墨西哥羽毛草
性状：多年生草本
观赏期：常年
株高：40～70cm

图8-126　细茎针茅

【原产与分布】原产于美国德克萨斯州、新墨西哥州，以及墨西哥中部地区。

【习性与养护】喜全日照或部分遮阳环境。耐寒性强，耐旱，耐湿，耐贫瘠，适宜排水良好的土壤。抗风，可生长于海滨环境。栽培容易，养护简单。

【花境应用】细茎针茅（图8-126）质地细腻、色彩明快，丝状叶丛波浪般随风摆动，形成极富野趣的风景线。可于空旷地与色彩鲜艳、高低不一的花卉镶嵌组合，形成色彩丰富、层次分明的花境景观（图8-127～图8-129）。如与其他观赏草植物配植可营造富有野趣的专类花境，还可丛植、片植作为各类花境植物之间的填充或过渡，也常用于石缝中、岩石边布置点缀。

图8-127　细茎针茅株丛

图8-128　细茎针茅与粉黛乱子草

图8-129　细茎针茅柔性对比

黄金络石

学名：*Trachelospermum asiaticum* 'Ougon Nishiki'

科属：夹竹桃科，络石属

别名：黄金锦络石、金叶络石

性状：常绿藤本

观赏期：全年

叶色：金黄色

图8-130 黄金络石

【原产与分布】亚洲络石的园艺品种，原种产于日本、朝鲜。

【习性与养护】喜光，需阳光充足环境，亦强耐阴。耐寒，长江流域地区露地常绿越冬。宜空气湿度较大，又具有较强的耐干旱能力。喜疏松肥沃、排水良好的中性或酸性土壤。抗病能力强，生长旺盛。

【花境应用】黄金络石（图8-130）叶色丰富，整体主要呈现亮丽的金黄色，每枝第一轮新叶为橙红色，新叶下有数对黄色叶片，其边缘有大小不一的绿色斑块，老叶为绿色（图8-131）。黄金络石在4月开出白色风车状的芳香花朵，亮丽持久，十分适合作为花境前景填充或点缀。植株匍匐生长，也适合配置山石假山（图8-132）。

【可替换种】花叶络石（*T. jasminoides* 'Flame'）等（图8-133）。

图8-131 黄金络石老叶与新叶

图8-132 黄金络石配置路缘

图8-133 花叶络石

美女樱

学名：*Verbena hybrida*

科属：马鞭草科，马鞭草属

别名：麻绣球、铺地锦、美女樱

性状：多年生草本

花期：暮春至仲秋

花色：红、粉、白、紫色等

株高：20～50cm

图8-134　美女樱

【原产与分布】原产于巴西、秘鲁及乌拉圭等南美热带地区。

【习性与养护】喜阳光充足的温暖环境，全光照条件下生长健壮、花色鲜艳，不耐阴。不耐寒，北方多作一年生栽培。能忍受一定干旱，忌积水。对土壤要求不高，但最宜排水良好、轻松肥沃的土壤。

【花境应用】美女樱（图8-134）植株矮壮、株形饱满，自5月盛花，至10月中旬初霜前一直开花繁茂，观赏价值高。常用于布置花坛、花丛、花群、花带或花境，亮丽、大气。营造混合花境时，可用同属种美女樱等花色艳丽、栽培技术成熟的花卉作为季节性换花材料，丰富花境的色彩和季相景观（图8-135～图8-137）。

【可替换种】同属种有深裂美女樱（*V. tenuisecta*）、细叶美女樱（*V. tenera*）（图8-138）、加拿大美女樱（*V. canadensis*）、巴西美女樱（*V. bonariensis*）与直立美女樱（*V. rigida*）等。

图8-135　美女樱粉花品种　　　　　　图8-136　美女樱红花品种

图8-137　美女樱花色丰富　　　　　图8-138　美女樱与细叶美女樱

细叶美女樱

学名：*Verbena tenera*
科属：马鞭草科，马鞭草属
性状：多年生草本
花色：紫、蓝紫、红、粉、白等
花期：4～11月
株高：20～30cm

图8-139　细叶美女樱

【原产与分布】原产于南美，我国各地广泛栽培。

【习性与养护】喜温暖、湿润和阳光充足的环境，能耐半阴。较耐寒，能在北方部分地区露地越冬，在长江流域地区常绿或半常绿越冬。耐酷暑，但对水分敏感，不耐干旱，忌积水，在湿润、疏松的土壤中生长更加良好。

【花境应用】细叶美女樱（图8-139）植株低矮、长势整齐。茎叶匍匐，二回羽状深裂或全裂的叶形秀丽。花娇小，着花量大，花色丰富，花期极长，自春至秋，开花不绝，是理想的花坛、花境植物（图8-140～图8-143）。在花境中，常用于配置前景，也可在中景填充过渡，增加景观层次感。与黄色系的开花植物搭配，则形成色彩对比、飘逸自然的景观效果（图8-144）。

【可替换种】美女樱（*Verbena hybrida*）、百里香（*Thymus mongolicus*）等。

图8-140　细叶美女樱开花量大

图8-141　细叶美女樱叶色翠绿

图8-142　细叶美女樱叶片冬绿

图8-143　细叶美女樱白花品种

图8-144　细叶美女樱边缘布置

熊猫堇菜

学名：*Viola banksii*

科属：堇菜科，堇菜属

别名：熊猫堇、肾叶堇、班克斯堇菜

性状：多年生常绿草本

花色：紫色

花期：12～翌年5月

株高：10～20cm

图8-145　熊猫堇菜

【原产与分布】原产于澳大利亚东南部的新南威尔士州海岸附近。

【习性与养护】喜半阴和湿润的环境，在全光照条件也能生长。耐寒性较强，在江南地区可常绿越冬。对土壤条件要求不高，适宜疏松、排水良好的壤土。只要温度适宜，生长量大、管理便利。

【花境应用】熊猫堇菜（图8-145）叶片呈宽肾形至圆形，莲座状丛生，翠绿清秀。小花朵朵，亭亭而立，随风摇摆，姿态可爱。熊猫堇菜因其引人注目的紫色和白色花朵而著称，花冠基部具紫罗兰般的蓝紫色，向外逐渐到白色，侧面的花瓣开展并扭曲（图8-146）。具匍匐茎，覆地性好，适合作林下地被，也是花境镶边、前景填充的优良材料（图8-147～图8-149）。在江浙地区还可丰富冬季景观。

【可替换种】常春藤叶堇菜（*V. hederacea*），同为澳大利亚原产；紫花地丁（*V. philippica*）等。

图8-146　熊猫堇菜秀雅株丛

图8-147　熊猫堇菜在灌木前填充

图8-148　熊猫堇菜与'无尽夏'绣球配植

图8-149　熊猫堇菜覆地性强

其他花境填充植物

希腊银莲花（*Anemone blanda* 'White Splendour'）
毛茛科，银莲花属

紫金牛（*Ardisia japonica*）
紫金牛科，紫金牛属

蟆叶秋海棠（*Begonia rex*）
秋海棠科，秋海棠属

四季秋海棠（*Begonia semperflorens*）
秋海棠科，秋海棠属

翠菊（*Callistephus chinensis*）
菊科，翠菊属

驴蹄草（*Caltha palustris*）
毛茛科，驴蹄草属

彩叶草（*Viola tricolor*）
唇形科，鞘蕊花属

散斑竹根七（*Disporopsis aspera*）
百合科，竹根七属

小叶蚊母树（*Distylium buxifolium*）
金缕梅科，蚊母树属

风信子（*Hyacinthus orientalis*）
百合科，风信子属

铺地柏（*Juniperus procumbens*）
柏科，刺柏属

长寿花（*Kalanchoe blossfeldiana*）
景天科，伽蓝菜属

花叶野芝麻（*Lamium galeobdolon* 'Variegatum'）
唇形科，野芝麻属

同瓣花（*Laurentia hybrida*）
桔梗科，流星花属

金边阔叶山麦冬（*Liriope muscari* 'Variegata'）
百合科，山麦冬属

浙江山麦冬（兰花三七）（*Liriope zhejiangensis*）
百合科，山麦冬属

六倍利（*Lobelia erinus* 'Palace Blue'）
桔梗科，半边莲属

匍枝亮绿忍冬（*Lonicera ligustrina* var. *yunnanensis* 'Maigrun'）
忍冬科，忍冬属

花叶薄荷（*Mentha suaveolens* 'Variegata'）
唇形科，美国薄荷属

锦花沟酸浆（*Mimulus luteus*）
玄参科，沟酸浆属

火焰南天竹（*Nandina domestica* 'Firepower'）
小檗科，南天竹属

红花酢浆草（*Oxalis corymbosa*）
酢浆草科，酢浆草属

顶花板凳果（*Pachysandra terminalis*）
黄杨科，板凳果属

菲白竹（*Pleioblastus fortunei*）
禾本科，苦竹属

大花马齿苋（*Portulaca grandiflora*）

马齿苋科，马齿苋属

四季报春（*Primula obconica*）

报春花科，报春花属

花毛茛（*Ranunculus asiaticus*）

毛茛科，毛茛属

银香菊（*Santolina chamaecyparissus*）

菊科，银香菊属

红叶景天（*Sedum* 'Red Cauli'）

景天科，景天属

雪叶菊（*Senecio cineraria* 'Cirrus'）

菊科，千里光属

银叶菊（*Senecio cineraria* 'Silver Dust'）
菊科，千里光属

聚合草（*Symphytum officinale*）
紫草科，聚合草属

郁金香（*Tulipa gesneriana*）
百合科，郁金香属

藜芦（*Veratrum nigrum*）
百合科，藜芦属

紫花地丁（Viola philippica）
堇菜科，堇菜属

三色堇（Viola tricolor）
堇菜科，堇菜属

案 例 篇

第 9 章 | 英国花境

英国是世界上花园最多、花园地位最高的国家，也是花境的发源地。发展近两百年来，英式花境融植物之丰而盛，撷色彩之艳而绝，慧万家之园而广，成为花园中璀璨的明珠。英国花境注重自然式配置、精致化养护。花开花落、季节变换，花境是植物组群最美的呈现，也是大自然、园艺家、设计师带给人们最好的礼物……

案例**1** 阿利庄园

2012 年 5 月 20 日

2016 年 6 月 5 日

2018 年 7 月 5 日

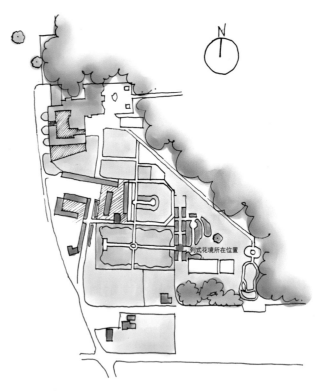

N

列式花境所在位置

阿利庄园（Arley Hall and Gardens）位于英国柴郡，是一座乡舍花园。庄园总占地13hm²，始建于1832年。庄园中的草本花境（Herbaceous Border）始建于1846年，是公认的英国草本花境的起源。

2014 年 6 月 20 日

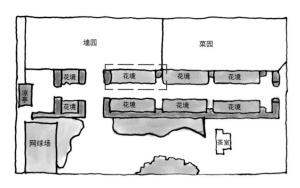

草本花境的起源与典范

以多年生草本植物营造花境，并利用植物本身的株高差异来构建高低错落的立面景观。花期设计以初夏景观为主，兼顾春季和夏季，冬季以养护修剪为主。

花境气势宏大，容纳了八段纵向的植物种植区，每段花境约5m宽。一边是红色砖墙，另一边是修剪整齐的欧洲紫杉篱，构成了花境的背景框架，每段花境之间也用造型精致的紫杉篱作为隔断。紫杉篱质感细腻，各类多年生草本植物构成排列致密紧凑的花境。

Visitors from afar
Chinese students draw inspiration from Arley

STUDENTS from one of China's oldest universities have visited Arley Hall to draw inspiration from its gardens.

Dr Xia Yiping brought his research fellows and students from Zhejiang University to Cheshire to discover more about the border design and choice of plants used in the garden.

Explaining how he heard about Arley's gardens he said it was just 'common sense' to know about its 'famous herbaceous border.'

"Arley keeps the style of herbaceous border as its original, even though flower borders expand to large scale and mixed plants in other places," he wrote in an email.

The students visited in the summer and it is the fourth time Dr Xia Yiping has brought a group to Arley.

Usually his trips take place between late April and early July.

"The highlight is the natural growth and blooming for each perennials, and extraordinary maintenance of these perennials," he said.

After returning to China the students study the drawings they made at Arley, as well as several other gardens in the UK, and con-

duct further colour analysis.

Dr Xia Yiping said every year the reaction of his students was the same: Amazing.

Zhejiang University has a cohort of 6,843 international students, and around 8,000 faculty and students.

"We do describe the gardens at Arley as 'world renowned' and this proves it," said General Manager Steve Hamilton.

"It is wonderful to welcome all these visitors and it is not only good for us to share Arley's beauty and expertise, but it is also great for the local economy."

引自《Arley News August 2018》

2018年夏季英国干旱，考察团队惊叹其花境养护水平，阿利庄园通讯予以报道。

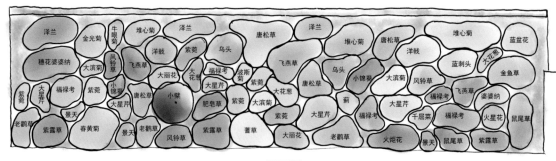

平面图

立面图

花境色彩

初夏花境以蓝紫、紫红、粉色为主色调，穿插部分白色、黄色。大株的紫色婆婆纳、蓝色飞燕草等靠近墙垣形成背景，唐松草穿插重复种植，色块之间相互呼应。大丛的风铃草、鼠尾草、紫菀、福禄考、锦葵、大星芹等前后间隔种植，构成了色调的统一。白色的福禄考、大滨菊、白蓍株形饱满，形成<u>一丛丛</u>柔和的色块，平衡了亮丽的色彩，在紫色、红色之间形成了很好的过渡。造型奇特的洋蓟叶色呈柔和的灰绿色，成为花境中的亮点。春黄菊色彩亮丽，团状呈现点亮了整个花境，与后排蓝色的飞燕草形成了对比，色彩更加跳跃。

花境立面

以大丛草本植株交叉种植形成自然的、丰富的立面，而不是简单的前低后高。橘黄色的火炬花前移，打破立面单调的高低递进布局，既展现了丰富多样的立面变化，也丰富了色彩的跳动感。火星花的剑形叶，叶色亮绿，植株高矮参差不齐，为花境增添了野趣。靠近前排的是质感细腻的景天、形态飞舞的紫露草和老鹳草铺地种植，并与草坪自然衔接，同时也丰富了绿色的深浅变化。

植物列表

阿利草本花境植物列表

	属	种	变种	花色	高度/cm	花期					
01	Achillea	ptarmica		白	45～60			7	8		
02	Achillea	grandifolia		奶白	120～160		6	7	8		
03	Aconitum	napellus	Bressingham Spire	深蓝	150～180				8	9	
04	Actaea	simplex	Prichard's Giant	白	150		6	7	8		
05	Anthemis	tinctoria	Kelwayii	亮黄	90		6	7	8		
06	Artemisia	lactiflora	Guizhu	白	90～120			7	8		
07	Artemisia	ludoviciana		银叶	75～90			7	8		
08	Aster		Alma Potschke	亮粉	90					9	10
09	Aster	frikartii	Monch	薰衣草紫，黄	70～90			7	8	9	10
10	Astrantia	major	Deep Pink	深粉	75	5	6		8	9	
11	Astrantia	major	Shaggy	奶白	75	5	6		8	9	
12	Campanula	lactiflora		淡蓝	120～150		6	7	8		
13	Campanula	lactiflora	Prichard's Variety	深蓝	120～150		6	7	8		
14	Cephalaria	gigantea		淡黄	150～180	5	6	7			
15	Crocosmia		George Davison	金黄	60～75				8		
16	Delphinium	pacific	Blue Bird	中蓝	150～180		6			9	
17	Eupatorium	cannabinum		暗粉	160～180				8	9	
18	Eupatorium	purpureum	Atropurpureum	紫	150～200				8	9	10
19	Filipendula	vulgaris	Multiplex	白	30		6	7			
20	Galega		His Majesty	薰衣草紫	150		6	7			
21	Geranium	ibericum		蓝	30～45	5	6	7			
22	Helenium		Chipperfield Orange	橘红	150～180				8	9	10
23	Helianthus		Loddon Gold	柠檬黄	150～180				8	9	10
24	Leucanthemum		Phyllis Smith	白	90			7	8		
25	Leucanthemum		Sunshine	淡黄	75～90			7	8		
26	Lychnis	coronaria		粉/白/红	75～90			7	8		
27	Lysimachia	ciliate		淡黄	75		6	7			
28	Lythrum	salicaria	Blush	淡粉	75～90			7	8		
29	Monarda		Prairie Night	深红	90			7	8	9	
30	Nepeta	parnassica		蓝	90			7	8		
31	Papaver	orientate	Beauty of Livermere	亮红	90	5	6				
32	Phlox	paniculata	Miss Kelly	淡莲灰	75～90			7	8		
33	Phlox	paniculata	Prospero	丁香紫	90			7	8		
34	Rudbeckia	laciniata	Herbstonne	亮黄	180～220				8	9	10
35	Salvia	verticillate	Purple Rain	紫	60			7	8	9	
36	Sanguisorba	canadensis		白	150～180			7	8	9	
37	Saponaria	officinalis	Rosea Plena	暗粉	75～90				8	9	
38	Sidalcea		Party Girl	淡粉	90～100			7	8		
39	Sidalcea		Mrs Brrodaile	深粉	90～120				8		
40	Solidago	canadensis		黄	150～180			7	8		
41	Thalictrum	delavayi		紫	120～150			7	8		
42	Thalictrum	flavum	Glaucum	淡黄	180～220		6	7	8		
43	Tradescantia	andersoniana		白	30		6	7			
44	Veronica	longifolia		深蓝	75～90		6	7	8		
45	Veronicastrum	sibiricum		薰衣草紫	120～150			7	8		
46	Veronicastrum	virginicum	Fascination	粉	120～150			7	8		

案例2 西辛赫斯特城堡花园

西辛赫斯特城堡花园（Sissinghurst Castle Garden）位于英格兰东南部肯特郡，占地约为2.4hm²，由维塔·萨克维尔－韦斯特（Vita Sackville-West）在1930年4月开始建造，于1938年5月第一次对公众开放，尤因"白色花园"而闻名。

以紫杉树篱和围墙将花园分为几个部分，即上庭园、下庭园、月季花园、村舍花园、药草园、果园和白色花园。每个庭园都有一个色彩主题，如：上庭园独特的紫色花境；村舍花园则是浓烈的红色、橘色和黄色；药草园种植了各种可食香草；白色花园布满了各种白色花或白色叶的植物；月季园则以粉紫色花境为主导。

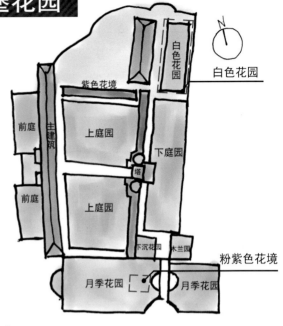

白色花园

粉紫色花境

立面图

粉紫色花境
景观效果：

粉紫色花境位于月季花园内，是一个四面观花境。在色彩配置上，以绿色为基底，以粉色和紫色为主色调，局部有黄色、蓝粉色、白色点缀。

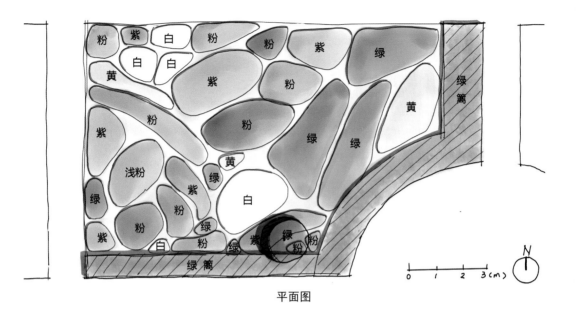

平面图

植物配置：

　　规则式的砖红色墙体作为背景，团块大小不一的粉色、紫色系植物组团，色彩从浅粉、粉、玫红、大红到粉紫、深紫、蓝紫，以月季、铁线莲、鸢尾、风铃草等同程度的粉色、紫色植物作为主调材料，组合在一起更有整体感。其中穿插了少量的黄花植物，提亮了色彩；另有白色系的风铃草、月季，起到了平衡和协调色彩的作用，也为花境增添了不少梦幻感。

白色花园

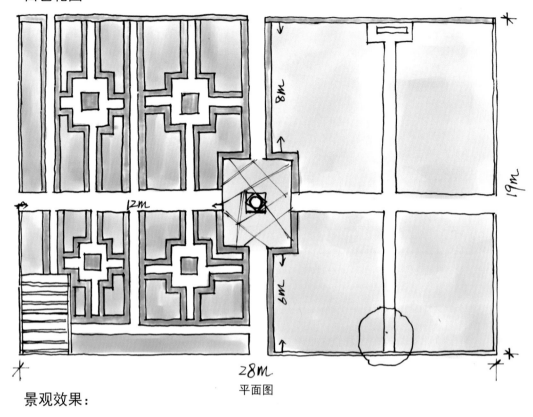

12m

8m

8m

19m

28m

平面图

景观效果：

　　白色花园为长约28m、宽19m的矩形，规则式布局，以道路、砖墙、修剪整齐的绿篱围合成大大小小的种植区域。

　　规则式的构图、自然式的种植，或三五成丛，或满铺白色花或白色叶的植物。以绿色为基底，不同株形和体量的"白色植物"相互穿插和交叠，形成绿白相间的整体色彩格局。

植物配置：

　　园中白色花果的植物俯仰皆是，种类或品种极为丰富。洁白无瑕的飞燕草矗立挺拔，白花的王百合、伯纳德百合和银白色的洋蓟、刺芹傲然挺立，还有大滨菊、钓钟柳、耧斗菜呈现生机勃勃，构成花境的中间层次，赋予其色彩与株形的变化。此外，利用宿根花卉如假龙头花、草原老鹳草、毛叶剪秋罗、麝香锦葵、角堇等将花境营造得此起彼伏、意趣横生，在花枝招展的西洋山梅花的衬托下，把庄园装扮得清纯亮丽，富有浓郁的古朴韵味。这些草本植物与木本类的蔷薇属植物混合搭配，充实于绿篱围合成的方形种植区块内，好似漂浮于绿地上的片片白云。间或夹杂着少量淡粉色、淡紫色的花，顿生趣味。

　　自然种植的花丛基部，多以白色叶植物镶边，亦有将白色叶植物嵌入白色花丛中，追求质地与形态上的变化，如蒿属、水苏属、神圣亚麻属等。其中，银旋花（*Convolvulus cneorum*）为兼具白色花叶的"双能植物"，具有银白色光泽的叶片衬托起朵朵白花，清新素雅。中心亭架以一盆栽的白花喜林草置于正中央，引游人驻足。建筑墙面上，攀附着蔷薇属、铁线莲属的白花品种，更加增添了花园纯净的梦幻感。

案例3 | 赫斯特科姆花园

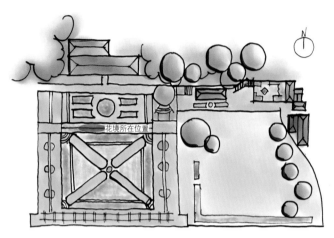

花境所在位置

赫斯特科姆花园（Hestercombe Gardens）位于英国萨默塞特郡，占地约20.2hm²，具有典型的杰基尔作品风格，强调了色彩飘动的感觉。

台地花境是位于主建筑前的两层花境，在古朴的石质栏杆外，在片岩砌成的挡墙上下，在石板铺就的小径边，是一条狭长的、淡雅的花境。

景观效果：

该花境以挡墙为立体分隔，以灰绿色为背景，利用蓝紫色和黄色的色彩反差，以白色、灰白色为调和，构成典型的冷色调花境。虽然蓝紫色、灰白色植物组团的体量较大，但由于是冷色调，加之花朵较小，其视觉的平衡感强，并营造了浪漫的朦胧氛围。

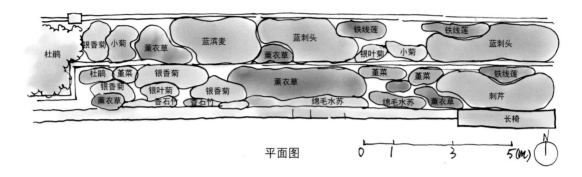

平面图

立面图

植物配置：

以蓝滨麦、蓝刺头、刺芹等植物为主的蓝色，与薰衣草、铁线莲的紫色遥相呼应，形成极为显著的蓝紫色基调。尤其是银香菊、薰衣草呈现大体量的圆形株丛，无论是灰绿的簇生细叶，还是深紫的致密小花，都显得端庄典雅、浑然一体。

黄花的银香菊起到了强烈的色彩对比效果；纯白的珠蓍形成了优雅的过渡；灰白色叶的银叶菊、绵毛水苏，还有花期已逝的香石竹，不失繁冗地丰富了下层的色彩；而洋甘菊自然地从石墙的缝隙中挺出，星星点点，清新可人，丰富了整个画面的色彩和层次。

案例4 博伍德花园

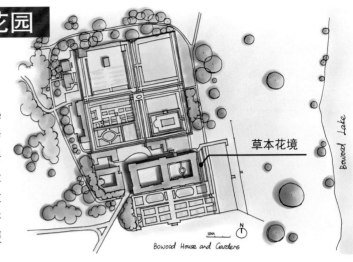

博伍德花园（Bowood House & Gardens）位于英国威尔特郡，面积超过8hm²，是兰斯洛特·布朗（Lancelot Brown）最出色的作品之一。布朗在这里设计了一个大型的自然式湖泊，并在建筑旁设计了延伸至湖边的缓坡草坪。

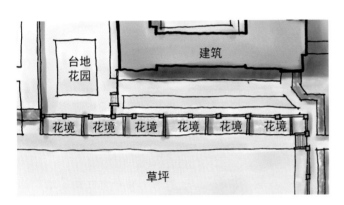

东草本花境（Herbaceous East Border）位于建筑东侧围墙的下方，建成于2013年。花境连接大片草坪，从这里望向湖泊，视线宽阔，穿透湖面直达对岸的多克神庙。

花境总长约60m，以围墙为背景，以法国冬青绿篱为空间分割，形成六段纵向花境。其中，每段花境约长10m、宽4m。

景观效果：

每两段花境为一个单元，构成一个长序列花境。修剪整齐的绿篱与开花植物的自然形态形成强烈反差，规整中见自然。以夏季为主要花期，花境整体色彩淡雅，以蓝紫、粉、白的宿根花卉为主，观赏持续时间长。利用大丛宿根花卉、花灌木的株高差异构成错落有致的立面景观。

以台地花园围墙为背景，墙基处种植粉色和黄色的藤本月季，黄粉相间，丰富了背景的色彩与层次变化。

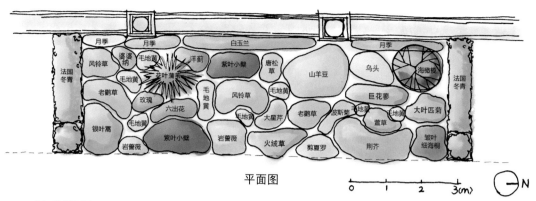

平面图

0   1   2   3(m)   N

植物配置：

　　每段花境约有30种植物，以宿根花卉为主，观赏期自春至秋，尤以初夏为甚。花境植物的园艺品种很多，丰满直立的乳白风铃草、阔裂风铃草、山羊豆、乌头、剪夏罗和团块状的荆芥、岩蔷薇，构成了以粉紫色系、白色系为基调的淡雅柔和色彩；银叶蒿、春黄菊等增添了不同层次色调；高大壮观的巨花蓼、洋蓟、大叶匹菊不仅拉高了竖向线条，也提亮了局部色彩。紫叶小檗、皱叶细海桐等紫红色叶灌木，以"漂移"的形式呈现，极为醒目。

立面图

案例5 | 威斯利花园

混合花境

威斯利花园

0 50 100m

威斯利花园（RHS Garden Wisley）位于伦敦西郊萨里郡，由园艺家乔治·弗格森·威尔逊（George Fergusson Wilson）建于1878年，马斯·汉伯里（Thomas Hanbury）爵士在1902年将其连同其他土地一起买下，并于1903年赠予皇家园艺学会（Royal Horticultral Society, 简称RHS）。1904年7月正式对外开放，面积53hm^2。经过多年开发和扩建，目前总占地面积达97hm^2，对外开放区域55hm^2。共收集了超过3万种植物，被称为英国花园的百科全书。

长花境

拥有14个主题花园，如岩石园、温室、玫瑰园、围墙花园、野花花园、草本园等。主要运用花境、主题花园、花田、群落、植物生境模拟等造景手法，展示了极为丰富的花园植物，营造极为优美的植物景观。

岩石园

月季园

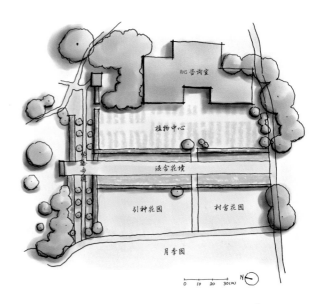

景观效果：

　　该段混合花境（Mixed Borders）位于威斯利花园的东南角，占地3400m²，全长达127m。以开阔草坪为中轴，两侧以修剪整齐的绿篱墙为背景，设置6m宽的混合花境带。盛花季节，形成壮阔、震撼的长布景式的花境景观。

　　花境植物极为繁多，各种宿根花卉、花灌木园艺品种的盛花期相互交错，自春至秋，整体花期延绵不绝。冬季的枯枝、枯叶不剪，留下萧冬别样景观，待春季发叶前再行修剪，气温回升后植株生长旺盛，又是一茬新绿。

　　由于是连续的列式花境布置，没有明显分段，色彩搭配既有红黄热烈，也有蓝紫雅致；间或黄蓝对比，间或紫白相间。游人边走边赏，景象不断变换，引人入胜。立面设计通常以高大的灌木、直立形的宿根花卉置于后景，中景则以色彩艳丽的大丛宿根花卉为主，前景有少量低矮植物，但不甚明显。总体上注重的是观花植物的多样性，并注重将植物养成大型株丛。

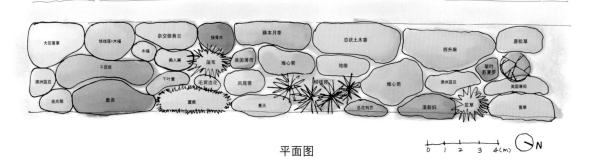

平面图

0 1 2 3 4(m)　N

植物配置：

选取一段长约20m的夏季花境示例分析。应用各类花境植物约30个种（含品种），因春季的飞燕草等蓝紫色系植物的花期已过，此时夏季花境以热烈的暖色调为主呈现。亮黄的凤尾蓍（*Achillea filipendulina* 'Parker's Variety'）、毛黄连花（*Lysimachia vulgaris*）、'月光'蓍草（*Achillea* 'Moonshine'）、堆心菊（*Helenium* 'Sahin's Early Flower'），鲜红的美国薄荷（*Monarda* 'Squaw'）、皱叶剪夏罗（*Lychnis chalcedonica*）、落新妇（*Astilbe*）品种，还有紫红色的千屈菜（*Lythrum virgatum* 'Dropmore Purple'）、地榆（*Sanguisorba* 'Cangshan Cranberry'）等鲜丽夺目。齿叶橐吾（*Ligularia dentata* 'Britt Marie Crawford'）虽然花期已过，但深紫褐色叶片尤为醒目。

立面图

　　高大直立的假升麻（*Aruncus sinensis*）、单穗升麻（*Actaea simplex*）、唐松草、博落回、剃刀草（*Datisca cannabina*）等，以其勃勃生机的绿叶、白色或淡紫的高大花序构成或实或虚的背景，并与中下层蓝紫色、粉色系的总花荆芥（*Nepeta racemosa*）、药水苏（*Stachys officinalis*）、美洲腹水草（*Veronicastrum viginicum*）蓝色品种'Apollo'和粉色品种'Pointed Finger'等形成呼应，前景植物则有萱草（*Hemerocallis* 'Green Flutter'）、景天（*Sedum* 'Glen Chantry'）等，株形低矮，与花境前的自然步道衔接。

　　在这段花境中，配置的植物还有各类色系的飞燕草（*Delphinium*）、福禄考（*Phlox*）、紫菀（*Aster*）、鼠尾草（*Salvia*）、六出花（*Alstroemeria*）、刺芹（*Eryngium*）、蓝刺头（*Echinops*）园艺品种，以及杂交雄黄兰（*Crocosmia* × *crocosmioides* 'Vulcan'）、俄罗斯糙苏（*Phlomis russeliana*）、蒲苇（*Cortaderia selloana* 'Pumila'）、发草（*Deschampsia cespitosa* 'Garnet Schist'）、总状土木香（*Inula racemosa*）、裂叶马兰（*Kalimeris incisa* 'Charlotte'）、抱茎蓼（*Polygonum amplexicaule* 'Inverleith'）、花叶香根鸢尾（*Iris pallida* 'Variegata'）等，有洁白秀气的'珍珠'珠蓍（*Achillea ptarmica* 'Perry's White'），有蓝紫色花的乌头（*Aconitum carmichaelii*），也有黄色花的狼毒乌头（*Aconitum lycoctonum* 'Russian Yellow'）。

　　威斯利花园中应用的花境植物极为丰富，新优的园艺品种众多，提供广大花园爱好者以"教科书"般的鲜活展示。

第10章 | 公园花境

作为公众观赏游玩和休闲娱乐的场所，公园在城市绿地中有着举足轻重的作用。大到草坪广场，小到林间小径，借公园起伏的地形和优越的植被生境，花境可满足环境美化和景观提升的多方位需求。草坪上、树林下、园路旁，都可以欣赏花境的迷人景致……

案例6 清涧公园长效花境

2016年

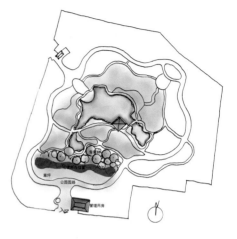

清涧公园位于上海市普陀区，占地面积约为2hm²。林缘花境位于公园南大门对景处，呈东西走向，长约50m，面积约280m²，是江南地区典型的长效型混合花境。

景观效果：

从2006年建设至今十余年，生生不息，开花不绝，呈现良好的景观效果。由常绿与落叶树混交成浓密的背景林，天际线变化明显。整个花境运用植物多达80种，其中灌木约占2/3。自2009年起，在原有草本花境基础上，逐步增加小乔木和灌木作为骨架，种植方式也由原先色块拼接转为自然交错式种植，灌草组团大胆，季相变化丰富。

春景

夏景

秋景

冬景

春天，各类柏、枫、金叶榆等叶色鲜艳，宿根草本百花争艳。夏季，木本骨架植物仍然表现出众，加上紫薇、夏季开花宿根以及青翠的观赏草，清音流涧、彩泉留芳，与"清涧"公园主题契合。入秋，观赏草花絮飘飘，各类色叶树呈现出金灿如阳光、霜叶红于二月花的景观意象。冬日，常绿木本植物仍表现良好，观赏草身姿态动人，而美人茶、金枝国槐、红瑞木等可观花、观茎干，再补以角堇、金盏菊等时花，依旧是一处魅力无穷的景象。

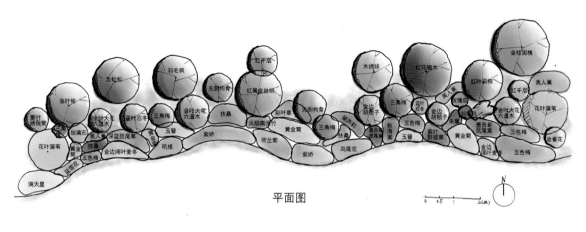

平面图

0 0.5 1 2(m)

N

立面图

植物配置：

运用了大量适生的本土植物和引进品种，造型常绿针叶树有五针松、蓝冰柏、欧洲红豆杉等，色叶球型灌木如红花檵木、金叶大花六道木、毛鹃、槟榔等，自然开展型的花灌木如矮生紫薇、红千层、金叶榆、金叶槐等，以及'橙之梦枫"蝴蝶枫"金贵枫'等季相叶色亮丽的枫类园艺品种，共同构成花境的基本骨架，保证一年四季稳定的形态。

以一段花境配置分析，上层乔灌木五针松稳重，金枝国槐气质飘逸，金叶榆、红花檵木色泽丰富。中层灌木以色叶类为主，金叶女贞、金边胡颓子等呈连续的三角状分布，在花境中起骨架作用。主调植物以红、黄、蓝紫三色为主色调，体量饱满的黄金菊、八仙花、五色梅的重复变化，增强了整体色彩变化的韵律感；前后穿插种植观赏草类、鼠尾草、千屈菜、紫娇花等，带来了立面的起伏变化。

2018 年

2017 年

案例7 闸北公园气象万千花境

花境位于上海闸北公园,在古戏台后的开阔大草坪上,在大片壮观且天际线变化丰富的风景林前,营建了长约70m、面积约150m²的林缘花境。结合草坪上的气象观测点,又新辟一长约20m、面积约为100m²的花境岛,将气象观测点与花境有机结合。组团花境以"气象万千"点景。

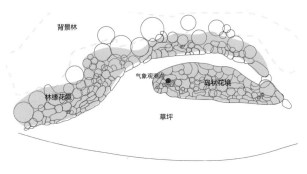

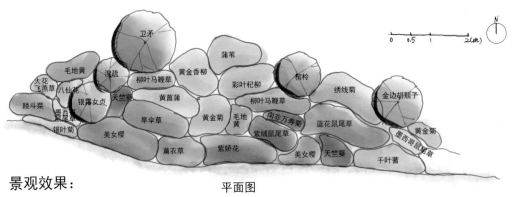

平面图

景观效果:

开创性地将林缘花境与草坪花境岛有机组合,弥补了林缘花境单面观赏的不足,带给游人大体量、多角度、步入式的花境欣赏感受。

应用各类花境植物多达上百种。在春季林缘花境的观花植物色彩鲜艳,如朱唇、石竹、大花楼斗菜、风铃草、美女樱、薰衣草、银叶菊、勋章菊、大滨菊、羽扇豆等;夏季则是另一批各色系的植物盛开,如繁星花、醉鱼草、萼炬花、蓝雪花、山桃草、蛇鞭菊、三角梅、五色梅、千日红、鸟尾花、龙船花等。岛状花境布置了观果植物、色叶植物,丰富了花境四季的色彩和景观效果。

春景   夏景   秋景   冬景

春、夏、秋、冬植物色彩变化

秋季,蒲苇硕大的银白花序高耸,随风摇曳,增加了花境的轻盈度和色彩亮度,成为亮点。卫矛冬季可观果,也延长了花境的观赏期,丰富了花境的观赏趣味。

立面图

植物配置：

以其中一段花境为例。该组团应用植物26种，自然直立型的槟榔成为视线焦点，与银霜女贞、溲疏、卫矛、金边胡颓子等花灌木和色叶灌木组成花境骨架。红花檵木丰富了上层灌木的色彩；金边胡颓子、银霜女贞体量较大，形成醒目的色块。

以彩叶杞柳、黄金香柳等株形丰盈的色叶灌木以及蓝紫、黄色系宿根花卉，作为长效型花境的主调植物，四季景观效果较好。蓝紫色的蓝花鼠尾草、柳叶马鞭草、紫娇花、大花飞燕草、南非万寿菊相互呼应，掩映在深浅不一的绿色和金色之中。黄金菊分布于马鞭草之间，恰好形成金色–紫色–金色的色彩组合。

填充植物有银叶菊、千叶蓍、美女樱、天竺葵、羽叶薰衣草等。银叶菊叶片偏灰白色，团块较大，与银霜女贞的体量相平衡；薰衣草则以淡蓝色过渡，柔化了两者亮丽的色彩。

案例8 闵行体育公园花境

闵行体育公园位于上海外环线环城绿带上，占地面积达84hm²，是上海首个体育公园。设有体育场馆区、翡翠山林区、卵石溪流区等10个景区，突出体育特色，将运动休闲融于独特的景观环境之中。

该花境位于公园1号门广场西北侧的风景林缓坡前，总面积约400m²，是典型的带状林缘花境，长度约90m。自2010年建成后，成为架构稳定、四季可赏的长效型混合花境。

2010年10月

2010年早春

景观效果：

在高大落叶乔木组成的背景林前，精选自然成型或生长缓慢的小乔木和灌木，形成轮廓和骨架相对稳定的架构，如日本红枫、羽毛枫、直立冬青、厚皮香、郁李、金边胡颓子、滨柃等，常绿与落叶的比例为7:3。兼顾四季景观，最佳观赏期在4月～10月底，冬季依然有景可赏。

用外观特征明显且具有竖向美感的植物作为主调，在带状花境中重复出现，形成美观而明快的韵律感与节奏感，如红瑞木、丛生紫玉兰、金枝槐、火星花、百子莲、毛地黄、飞燕草、千屈菜等。栽植时充分考虑为植物生长预留空间，前景、中景花境块面之间适当留白，并以松鳞覆盖。

2015年5月

2015年5月

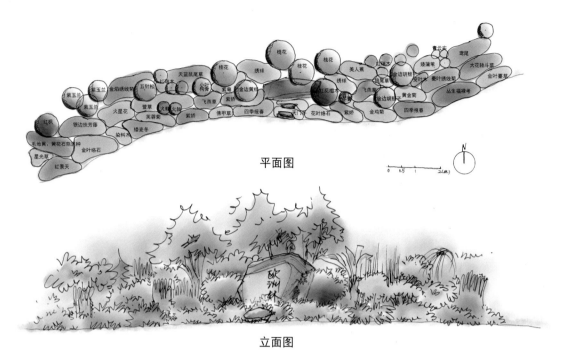

平面图

立面图

植物配置：

花境局部仍选择花灌木为骨架植物，如地中海荚蒾、小丑火棘、金叶大花六道木、矮紫薇等，再以宿根花卉为主调色彩配置。"欧洲林"景石的体量较大，是该组团的视觉焦点，配合桂花、五针松等小乔木，及银姬小蜡、红花檵木、金边黄杨、金边胡颓子等花灌木，以蓝紫色的天蓝鼠尾草、飞燕草、紫娇花、紫萼、大花耧斗菜、鸢尾，与暖黄色的黄金菊、金鸡菊、金叶佛甲草等，形成了色彩对比的花境主色调。景石前用四季报春、天门冬、矮麦冬、金叶薹草、花叶络石等低矮植物作填充，既不挡景石，也丰富了前景空间。

2010 年 10 月

2018 年 9 月

从季相效果来看，早春色彩斑斓、繁花似锦；夏季，美人蕉花大艳丽，绣球盛花壮观，火星花热烈奔放；秋天，蒲苇花序银白飘逸，蓝雪花清丽如霞；冬日，红瑞木枝干红似火，毛核木秀如绯珠……

采用宿根花卉套种、混种等方法，解决冬季枯萎萧条问题，如紫娇花与红花石蒜套种、'红运'萱草与忽地笑套种、密枝天门冬与中华景天混种，等等。此外，一二年生花卉的换花面积约占花境总面积的8%。

案例9 万松书院阴生花境

　　该花境位于杭州西湖万松书院的山地环境中，呈南北走向，林下郁闭度高，长约20m，宽1~3m，面积约100m²。是一处以樱花、黑松、杜鹃为乔灌背景的单面观花境，也是杭州首个阴生花境。

植物配置：

　　枯木之间，花大艳丽的绣球较为抢眼，茶梅、杜鹃、鸡爪槭构成深浅不一的绿色背景，小叶栀子、斑叶蜘蛛抱蛋、粉花绣线菊等组团穿插，几组枯木小景自然地联系在一起。如在一截卧倒的枯木树桩周围，配植了绣球、小叶栀子、玉簪、虎耳草、肾蕨等耐阴植物，叶形变化丰富，而鲜绿的尖叶匐灯藓等苔藓类植物前后呼应，让枯木更显自然野趣。

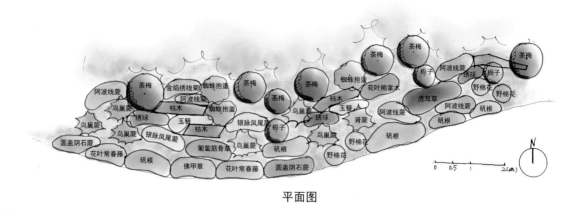

平面图

景观效果：

花境设计时充分考虑较为荫蔽的环境，以枯木为骨架，结合苔藓、蕨类、虎尾草科植物打造出具有自然野趣且维护成本较低的花境景观，体现低碳、环保的绿色理念。从整体色调看，嫩绿、亮绿、深绿、黄绿等叶色丰富，充分体现了植物的叶色变化，紫色、粉色的花色点缀，素净淡雅，与万松书院氛围相吻合。

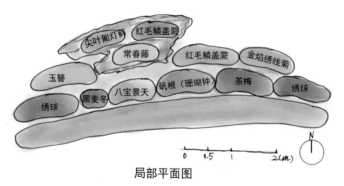

局部平面图

从立面上看，在枯木和主调植物之间，填充株形开展、灵动飘逸的阿波银线蕨、巢蕨、肾蕨等蕨类植物，与玉簪、虎耳草的丛生株形与宽圆叶片形成对比，竖向变化明显。花境边缘种植了凤尾蕨、矾根、野棉花等株形较小的植物，而花叶蔓长春、常春藤从里面蔓延开来，佛甲草、紫叶酢浆草一簇一簇地混生于苔藓之中，形成阴生花境丰富的景观层次。

案例10 茶叶博物馆花境

中国茶叶博物馆位于杭州西湖龙井村，占地约3.7 hm²，是一座以茶为主题的国家级博物馆。主体建筑面积7600m²，由花廊、曲径、假山、水榭等相连，错落有致，富有江南韵味。

"馆在茶间，茶在馆内"，博物馆不设围墙，周边植物配置凸显茶文化特色，应用了多品种的茶树及可冲饮的观赏植物如金银花、杭白菊、薄荷、枸杞等。

景观效果：

该花境位于国际茶文化交流文化中心东侧，长约20m，宽1～2m，呈南北走向。花境设计时充分考虑到茶叶博物馆清净素雅的风格，宿根花卉为主的配置形式，以蓝、白、紫为主色调，清新、淡雅。

背景是香樟、桂花等为主的常绿林，还有含笑、茶梅、红叶石楠、杜鹃等常绿灌木，前景是开阔的草坪，林缘带状花境以多年生草本为主构成。从整体来看，不断重复柳叶马鞭草、大滨菊、美女樱等的组团配置，形成节奏韵律。

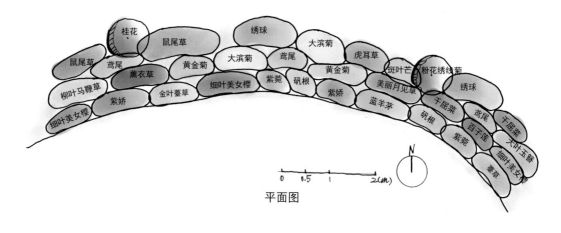

平面图

0 0.5 1 2(m)

N

立面图

植物配置：

绣球、泽兰等质感稍厚重的植物作为主体框架，按照组团间隔种植迷迭香、耧斗菜、筋骨草、硫华菊等，前景平铺金叶薹草、矾根、绵毛水苏等。柳叶马鞭草或千鸟花植物纤细高挑、姿态轻盈，给人一种朦胧的美感，将这些植物前后穿插种植，可以打破花境呆板的边缘，模糊各植物组团的界限，让整体花境更加错落有致。

细叶美女樱、薰衣草、藿香蓟、羽扇豆、紫娇花等蓝紫色花卉，配合大滨菊、白晶菊等色彩淡雅的植物，白色中掺进紫色的花，再混入淡黄色，形成一种自然渐进的韵味。间或种植几株蓝羊茅，在绿色叶片的掩映下呈现静谧的蓝紫色调，与茶叶博物馆的文化氛围相吻合。花境中还有细叶芒、细茎针茅等观赏草的运用，景观持续至秋季。

案例11 | 林缘草坪花境

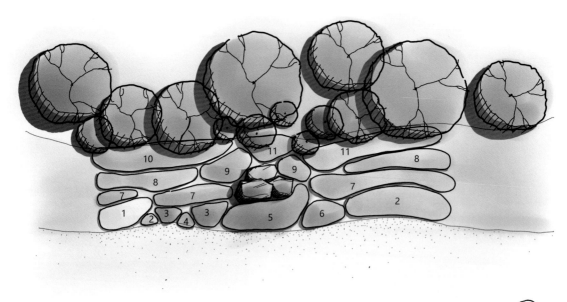

平面图

0   5   10(m)   N

1—孔雀草；   7—春黄菊；
2—藿香蓟；   8—羽扇豆；
3—紫叶酢浆草；   9—大蓟；
4—八宝景天；   10—长穗报春；
5—须苞石竹；   11—金鱼草
6—矮牵牛；

景观效果：

公园里的花境常以风景林为背景、草坪为前景，在观花植物色彩丰富的时节，深浅不一的绿色衬托绚丽的花境，彼此相得益彰。

杭州红绡翠盖亭处的花境位于曲院风荷西面，西临杨公堤，北依北山路，是典型的林缘草坪花境。花境以常绿的香樟、桂花、棕榈，落叶的无患子和枫杨为背景，围绕大草坪呈带状分布，五彩缤纷的花境，极大丰富了草坪空间景观。春季花期，金鱼草、毛地黄、风铃草在花境后方亭亭玉立。景石点缀、掩映在花境中，配以株形伸展的针茅、狼尾草，让人体会到自然的气息，也使花境层次饱满、生机勃勃。

植物配置：

花境植物共28种，以一二年生花卉为主，结合部分宿根花卉。羽扇豆、毛地黄、金鱼草、长穗报春、须苞石竹、金鸡菊、藿香蓟、角堇等花卉春花璀璨、色彩斑斓，自然是花境中最为夺目的角色，它们如同彩色的浪花，在花的海洋中此起彼伏、争芳斗妍；又好似一个顽童，在一片宁静柔和的绿色中，欢腾雀跃，预示着四季的更换演替。草本花境中，精心点上几块景石，增添了几分沉稳的质感。

此为早年的花境作品，如替换部分花灌木和宿根花卉，则花境更富于立面变化，并可营造可持续的景观效果。

1—铁线蕨;	4—美女樱;	7—白鹤芋;
2—银蒿;	5—白晶菊;	8—鹤望兰;
3—万寿菊;	6—花叶万年青;	9—旱伞草

植物配置:

远景洁白的樱花如履轻纱,又似漂浮的云烟,巧借于花境中,既扩大了空间感,又丰富了花境景观,令人如痴如醉。油绿的细叶棕竹和鹤望兰为花境提供了厚实的骨架,并形成与乔木远景层次的过渡。白鹤芋、粉黛万年青、安祖花等叶色丰富、叶形宽大的植物呈团块状丛植,为艳丽的观花植物提供背景色,丰富色彩格局,增添花境的立体感。主调植物瓜叶菊、金盏菊、三色堇、木茼蒿、花毛茛……花团锦簇的草本花卉争芳夺艳、活泼可人。以银叶菊、铁线莲等铺地植物作为花境的填充,又使小品花境与草坪过渡自然。

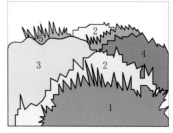

1—大滨菊；　　　　　　　　　4—深蓝鼠尾草；
2—水果蓝；　　　　　　　　　5—薹草
3—金叶菇；

　　这是由大滨菊、水果蓝、金叶菇、深蓝鼠尾草及薹草等植物构成的花境局部。此花境突出表现多年生草本的叶色和株形，水果蓝枝叶的银白色、金叶菇的金黄色构成主色调，在绿叶丛中形成强烈对比；而薹草、大滨菊、深蓝鼠尾草等直立性草本丛植，则蓬勃向上、线条感明显。

植物配置：

　　右图为花境中一个对比强烈的局部。在株形上，高大的柳叶马鞭草、细叶芒与低矮的花叶美人蕉有着一定的对比。在叶形上，细叶芒纤细且丛状直立，柳叶马鞭草的单茎疏朗挺拔，而花叶美人蕉叶片宽大，视觉感重，产生强烈反差。

　　此外，在色彩上也存在差异，柳叶马鞭草和细叶芒的茎叶深绿，花叶美人蕉则叶色金黄。柳叶马鞭草紫红色的小花跳跃于叶色中，面纱般清丽。

第11章　道路花境

　　道路绿化是近年来城市园林建设的主体之一。也许已厌倦了满目的规则式绿篱、单调的整形植物或清一色的花坛布置，花境的出现让人眼前一亮。无论是沿道路、林缘地形的自然带状花境，抑或是路口、街区等节点的精致组团花境，都赋予城市景观以清新、亮丽的视觉风情……

　　该花境位于杭州西湖湖滨景区绿地，一面连接湖滨路，一面临近环湖游步道，是城区与景区的交接区域，也是城市欣赏西湖美景的窗口。呈南北走向的狭长分段场地，东西宽7～16m，四面可观。上层树木以悬铃木、香樟为主，下层为混合草坪。

景观效果：

　　主色系花境按照不同花色主题沿场地中央草坪展开，以相近花色的植物材料组成和谐统一色彩的花境，强化展现同一色调植物的丰富色彩。

　　以杭州"浪漫之都"为花境的主题定位，整体呈现浪漫、清雅的风格，分别设置了对比色的蓝-黄色系、蓝-粉色系，近似色的红-粉色系，独特的白色系等主题色调。结合绿地原有花灌木，春花植物以团块状和丛状种植形式为主，色彩韵律变化节奏明快；通过高低错落的搭配，形成自然、清新的观赏效果。

红色系花境

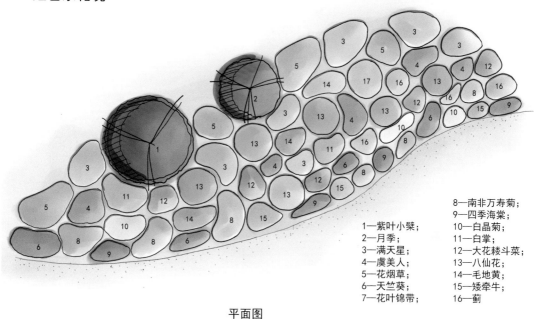

1—紫叶小檗；
2—月季；
3—满天星；
4—虞美人；
5—花烟草；
6—天竺葵；
7—花叶锦带；
8—南非万寿菊；
9—四季海棠；
10—白晶菊；
11—白掌；
12—大花耧斗菜；
13—八仙花；
14—毛地黄；
15—矮牵牛；
16—蓟

平面图

植物配置：

在春季红艳的红枫、紫叶小檗、月季之间，主调植物以红色系为主，如大花耧斗菜、南非万寿菊、天竺葵、绣球等；中部重复出现的粉色花烟草、白色满天星，在立面上强调出红色系花境的整体感，也是色彩柔和的过渡；而大红色的虞美人与玫红色的毛地黄以其直立株形打破立面，产生韵律的变化。边缘以四季秋海棠、白晶菊、矮牵牛、雏菊等红、粉、白色系填充，丰富了色彩在明度、纯度上的层次。

蓝黄色系花境

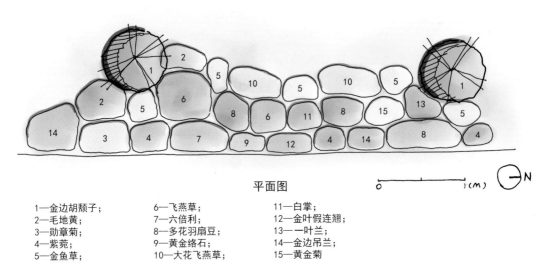

平面图

0   1(m)　　⊙—N

1—金边胡颓子；　　6—飞燕草；　　　　11—白掌；
2—毛地黄；　　　　7—六倍利；　　　　12—金叶假连翘；
3—勋章菊；　　　　8—多花羽扇豆；　　13—一叶兰；
4—紫菀；　　　　　9—黄金络石；　　　14—金边吊兰；
5—金鱼草；　　　10—大花飞燕草；　　15—黄金菊

植物配置：

　　以蓝色的大花飞燕草与黄色的金鱼草为主要的立面材料，形成明亮的蓝－黄色对比，并通过麻叶绣线菊的白色作为过渡柔化。将黄色系的黄金菊、金叶假连翘，蓝色系的多花羽扇豆、矢车菊、蓝蓟等点缀其间，虽然株形、花序各异，但花色统一为蓝紫色和黄色。选用六倍利、勋章菊、藿香蓟、金边吊兰等株形低矮的植物作为前景填充。

蓝粉色系花境

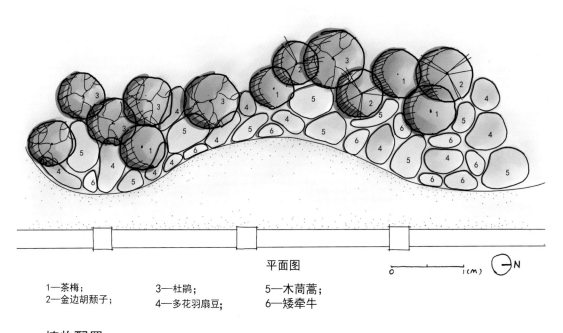

平面图

1—茶梅；　　　　3—杜鹃；　　　　5—木茼蒿；
2—金边胡颓子；　　4—多花羽扇豆；　　6—矮牵牛

植物配置：

以粉红的杜鹃、绿叶的茶梅、花叶的金边胡颓子为骨架植物，在绿色背景下突出粉色，明亮又稳重。蓝色的多花羽扇豆和粉色的木茼蒿（玛格丽特）为主调植物，间错种植，既淡雅，又富有韵律变化，形成柔和的蓝－粉色对比。以低矮的白色矮牵牛为主要的填充植物，起到调和柔化色彩的作用。

案例14 | 杭州三角花坛花境

三角花坛位于杭州北山街和杨公堤交界处，占地达1000m²，是西湖风景区面积最大的花坛花境，由早年单一花坛不断改造而成。四周的悬铃木行道树高耸林立、郁郁葱葱，假山、叠石、流水、瀑布构成花坛的主体框架背景，北面以自然式混合花境为主，南面是与乔灌木组合的色块花坛。整体设计体现了西湖山水元素，融入现代花卉布置，赋予花境以浓郁的东方式内涵。

2016年6月

2016年8月

景观效果：

假山瀑布体量大，统领整体视觉轴线中心。山上的鸡爪槭、红枫姿态飘逸，与常绿灌木构成优美的天际线，黑松点缀以平衡空间感，常春藤等常绿藤本植物覆盖在假山之上，一片生机盎然。设置雾森，配合流水，增强视觉、听觉效果。假山前的四季花境，花团锦簇、如梦如幻，营造出"瑶草琪花，人间仙境"般的诗情画意。

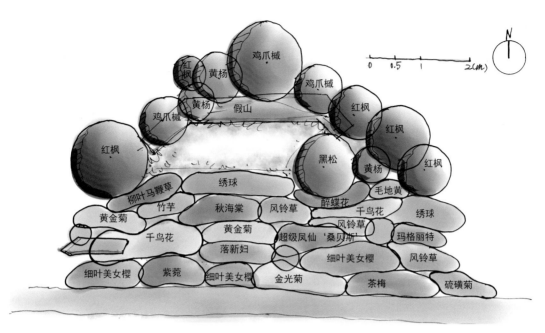

平面图

植物配置：

　　2016 年 G20 峰会期间，通过摘叶处理使红枫在夏末季节重新发出鲜亮红叶；以三角梅、千层金（黄金香柳）、金叶假连翘等观花、色叶灌木补充杭州夏季木本色彩的不足。

　　夏季花境色彩以红、粉色系为主调，点缀蓝紫色、白色等冷色调作为平衡，清新亮丽。G20 期间的主调植物选用正值花期的醉蝶花、五色梅、姜荷花、一串红、'桑贝斯'超级凤仙、龙船花、紫菀、地被月季等，以'小兔子'狼尾草等观赏草作为间植填充，整体暖色调的花境与红枫、三角梅遥相呼应，热烈大气。

　　三角花坛的花境时常更换植物，以保持四季景观。春、夏季，在错落有致的乔灌木背景前，多以丛植的绣球、大花飞燕草、柳叶马鞭草、醉蝶花、千鸟花、观赏草等为主调植物；利用羽扇豆、金鱼草、风铃草、鼠尾草类、落新妇、花烟草等总状花序植物，形成跳动的韵律感，与假山上飘逸的鸡爪槭相呼应。前景配置木茼蒿、美女樱、金光菊、黄金菊、四季秋海棠、超级凤仙等花卉，丰富色彩效果。

2018 年 5 月

2016 年 9 月

案例15 豫园地铁口花境

该花境位于上海地铁10号线豫园站1号口（人民路和河南南路的交叉口），且紧邻豫园和古城公园，人流量较大。

花境呈东西走向的大尺度带状布置，分为混合花境区、木本花境区和阴生花境区，由火山岩铺设的旱溪串联而成。总长约120m，占地面积约550m²，是典型的林缘与路缘相结合的花境。

景观效果：

花境延绵起伏，以香樟、黄山栾树、孝顺竹、毛竹构成的背景饱满，前景草坪进退有序、舒缓自然。上层木本植物色彩丰富，中层色叶灌木球作为花境骨架，均衡稳定；前后穿插的观赏草飘逸灵动，营造出富有韵律感的天际线。

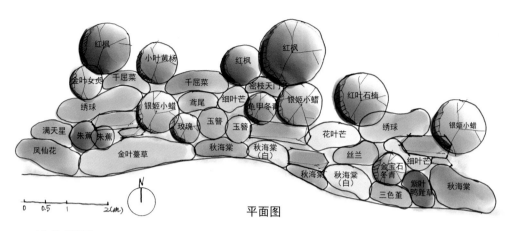

平面图

0 0.5 1 2(m)

植物配置：

以红叶石楠球、小叶黄杨球、金叶女贞球、银姬小蜡等灌木为骨架。'无尽夏'绣球宽大的叶片遮挡住部分卧石，粉色的满天星丛植点缀，颇有自然野趣。充分利用植物叶形、叶色的差异形成对比，如玉簪的阔叶、'金宝石'冬青的细叶与路易斯安娜鸢尾的剑形叶，象脚丝兰、金边丝兰的刚劲与斑叶芒、细叶芒的细腻等，增加了欣赏趣味。粉色和白色的秋海棠簇拥而上，整体色泽偏向于淡雅的灰绿色，生动自然。金叶薹草、紫鸭跖草、三色堇等作为填充植物，丰富了色彩。

立面图

红枫枝叶飘逸，卧石与花境植物自然融合，颇有中国传统植物造景的意趣。

案例16 观赏草花境

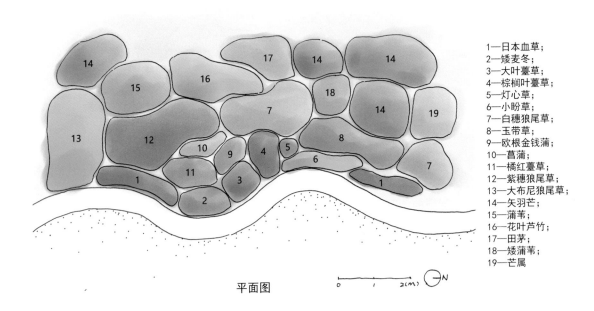

1—日本血草；
2—矮麦冬；
3—大叶薹草；
4—棕榈叶薹草；
5—灯心草；
6—小盼草；
7—白穗狼尾草；
8—玉带草；
9—欧根金钱蒲；
10—菖蒲；
11—橘红薹草；
12—紫穗狼尾草；
13—大布尼狼尾草；
14—矢羽芒；
15—蒲苇；
16—花叶芦竹；
17—田茅；
18—矮蒲苇；
19—芒属

平面图

夏

秋

景观效果：

展现丰富季相变化的观赏草花境，处于游步道一侧，其长轴随园路呈蜿蜒线形展开。花境立面层次饱满、色彩变幻、四季有景。设计者运用了大量的芒属、狼尾草属的植物，突出呈现夏、秋、冬三季景观效果。

植物配置：

在竖向景观上，将高大的花叶芦竹、田茅、蒲苇作背景，丰富立面轮廓；各类花序独特的狼尾草属、芒属植物作为花境主景；镶边和中部填充植物采用玉带草、薹草类、小盼草、矮麦冬等株丛低矮、色彩丰富的种类。株形上，大布尼狼尾草、白穗狼尾草等匍状观赏草形态优雅、株形丰满，使花境前后景形成有效的衔接，过渡自然；日本血草、灯心草、菖蒲等直立性株丛的种类则为花境前景增添了竖向线条。色彩运用上，以小盼草、棕榈叶薹草等绿叶类植物作为底色，局部点缀玉带草、日本血草等色叶类观赏草，强调景观趣味。

季相构图上，以蒲苇、薹草类、矮麦冬、灯心草等常绿植物奠定了秋末至早春的基调；春季，花叶芦竹、狼尾草属、玉带草等叶色或青翠鲜嫩，或色彩亮丽；夏末，芒属、狼尾草属、蒲苇等独特的株形和飘逸的花序构成了秋季花境中的主景。初霜后，观赏草植物的秋色开始显现，如矢羽芒、日本血草、小盼草的橙黄、血红、棕褐色等，并持续到深秋直至整个冬季，营造观赏草花境独有的冬季景观。

秋

冬

浙江西子宾馆 G20 时期花境布置

　　在路缘绿化带和宾馆入口布置花境，增添色彩。利用丛生灌木和千屈菜、醉蝶花等直立性草本，在有限的空间内形成景观层次，色彩注重粉黄配置、紫白过渡，繁而不杂。

　　G20期间正值夏末，气温高，养护难，选用植物充分考虑耐热性，如姜荷花、金叶薯、紫叶薯等。

利用交通岛乔灌木背景，以翠绿的草坪为前导空间，将花灌木和观赏草作为骨架，一二年生花卉形成色块，色彩热烈而不失淡雅，立面层次丰富。

杨公堤 G20 时期花境布置

西湖国宾馆 G20 时期花境布置

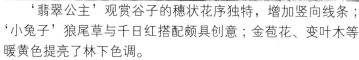

　　'翡翠公主'观赏谷子的穗状花序独特，增加竖向线条；'小兔子'狼尾草与千日红搭配颇具创意；金苞花、变叶木等暖黄色提亮了林下色调。

第12章　庭院花境

　　每个人都希望能拥有自己的庭院，在屋外，或在心中。而花境，一直是庭院中最美丽的存在。墙角路缘、窗外门前，都有花境别样的风致和缤纷的色彩。或精致，或野趣，花境带给人们的，绝不仅仅是眼中的风景，更是心灵的享受……

主要花境材料：
① 八仙花；
② 黄金菊；
③ 美女樱；
④ 五色梅；
⑤ 亚菊；
⑥ 红花酢浆草；
⑦ 黄斑大吴风草；
⑧ 花叶玉簪；
⑨ 肾蕨；
⑩ 羽扇豆；
⑪ 小花木槿；
⑫ 三色堇；
⑬ 大花天人菊；
⑭ 山桃草；
⑮ 钻石月季；
⑯ 花叶杞柳；
⑰ 小花矮牵牛；
⑱ 玛格丽特；
⑲ 羽叶薰衣草；
⑳ 天竺葵；
㉑ 柳叶马鞭草；
㉒ 半边莲（六倍利）；
㉓ 金鸡菊；
㉔ 千叶蓍。

景观效果：

　　私家别墅的春季花境。大块草坪营造开敞的活动空间，花境沿墙缘、泳池边呈列式布置。在精致养护的草坪翠绿映衬下，花境整体的色彩艳丽、明快，渲染了欧式庭院氛围，给人以愉悦的感受。花境植物前低后高，立面有一定变化，但花坛式布置手法仍较明显。

植物配置：

　　春季观花植物应用丰富，尤其利用一二年生花卉表现色彩；结合在江南地区适生的花灌木和宿根花卉，至夏季仍有较好的景观效果；考虑生态适应性，选用部分耐阴植物置于建筑北侧或墙边。

案例19 四季花境

早春，洋水仙、郁金香及景天类植物的花朵，是观赏的亮点。

春末夏初，芍药盛开，众花次第开放，绵毛水苏镶边明快，将花境衬托得绿意盎然、清新雅致。

植物配置：

主要由灌木和多年生草本植物构成，四季有景，各有特色。

花境植物以团块状种植，保持间距，呈现自然生长状态。以植物组团来表现色彩，以直立性草本勾勒线条。

夏日，萱草的黄色引人注目。

雪后，常绿的灌木衬以残留的枯枝，别有一番风味。

案例20 混合花境

1—北美乔松；
2—鼠尾草；
3—高山耧斗菜；
4—金叶莸；
5—绵毛水苏；
6—德国鸢尾

本图引自《Well-Designed Mixed Garden》

景观效果：

美国造园家Tracy DiSabato-Aust 在俄亥俄州设计的混合花境，高大的北美乔松作为整个画面的构图背景，十分适宜大尺度的花园；而低矮的小灌木，却因生长缓慢而始终保持有型的树姿，营造了稳定而持续的景观效果；蓝紫色的鼠尾草和高山耧斗菜，配以黄色的金叶莸是整个花境的亮点，再以阔叶茸毛的绵毛水苏和剑形叶的德国鸢尾点缀，恰如其分地利用了景观空间。

①远处的观花植物配置色彩较明快，搭配错落有致。芙蓉葵的鹅粉、金鸡菊的亮黄，上下呼应，辅以银白和鲜红的小色块，带来缤纷多彩的视觉效果。

②质朴的砌石围合种植台，与部分的石质铺地相契合，又将沿庭院墙垣带状布置的花台式花境自然蜿蜒般连成一体。花境边缘以低矮而又素白的香雪球、绵毛水苏镶边，是出自与石材相协调的考虑；而后景中富有叶色感染力的日本红枫则产生视觉变化。

本图引自《Creating Beds and Borders》

③直立高挑的穗花婆婆纳、紫松果菊等植物在立面上产生丰富的层次感，蓝紫、橙色和素白色架构了整个庭院花境淡泊雅致的色调。

本图引自《Well-Designed Mixed Garden》

主色调的构成是通过紫红色的紫松果菊、深紫红的泽兰及其茎秆、红褐色的蓖麻枝条与果实,包括冬季宿存的晨光芒地上部分茎秆来表现。

亮黄色的赛菊芋,与大片紫红的主色调对比强烈,形成整个花境的焦点,远处就能引人注目。晨光芒的叶色、深蓝鼠尾草的花序,是调和的过渡色。整个花境的色彩氛围浓烈,却未见丝毫繁杂。

1—蓖麻;
2—泽兰;
3—晨光芒;
4—赛菊芋;
5—紫松果菊

景观效果:

庭院花境局部的植物配置,展现了混合花境的春、夏季景观。以红、黄两色为前景,搭配银边的晨光芒,在绿色背景的映衬下,既醒目又不过分张扬。旺盛生长的菊科植物如泽兰、紫松果菊、赛菊芋使整个花境空间显得郁郁葱葱、充满生机,而叶片细长弯垂的晨光芒和掌状大叶的蓖麻,随风摇曳,展现了一幅充满自然野趣的乡村庭院景象。

本图引自《Designing with Perennials》

景观效果：

　　该庭院花境主要表现以鸢尾属植物为主的春、夏季景观，春花效果尤佳。通过叠石地形处理，展现了直立性草本的完整株形，表达岩石花境的韵味。从庭院一隅来看，花境植物极为丰富，各类鸢尾配以多种宿根花卉以延长开花观赏期，主次分明；蓝紫、粉红主色调淡雅调和，植物立面景观错落有致，是小空间花境设计的成功范例。

植物配置：

色彩

　　以典雅的蓝紫色、粉红色为主色调，通过不同鸢尾属植物的丰富花色来表现，深蓝紫、淡紫或紫红色，不同深浅的蓝紫色花丰富画面，并有以紫色小花铺地的匍卧木紫草相呼应。

　　路缘的白色西伯利亚鸢尾和附石点缀的绵毛水苏在蓝紫色与粉色的对比中起过渡作用。

　　粉红色花的金鱼草、岩生肥皂草、少女石竹在大片蓝紫色环境中凸显出来，在幽静中透露几分活泼。

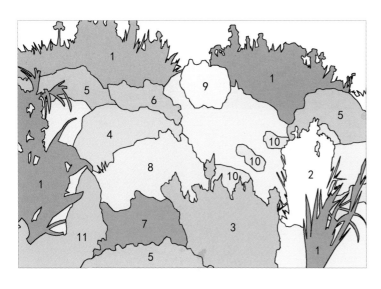

1— 德国鸢尾；
2— 西伯利亚鸢尾；
3— 金鱼草；
4— 蓝雏菊；
5— 匍卧木紫草；
6— 岩生肥皂草；
7— 少女石竹；
8— 景天属／球根鸢尾／观赏草；
9— 耧斗菜；
10— 绵毛水苏；
11— 针叶树

立面

　　通过德国鸢尾和西伯利亚鸢尾直立的叶丛和金鱼草直立的花序，勾勒出了花境的竖向线条，利用地形变化，再进一步展现植株的完整形态。低矮匍匐的匍卧木紫草、岩生肥皂草等呈团块状沿缓坡铺开，有匍匐蔓延，也有援石而上，与周围环境紧密结合，形成高低错落的立面效果。

案例24 墙垣花境

本图引自《Designing with Perennials》

景观效果：

　　该花境以墙垣为背景，花期集中在春末夏初，繁茂的花朵和亮丽的色彩展现了典型的欧洲乡村花境景观。色彩鲜艳浓烈，色多而不杂乱，主色调明确，各色之间有呼应、有过渡还有相互调和；环境无地形变化，完全通过不同植物自然生长的株高差异来表现花境丰富的立面效果；利用小道分隔空间，有疏有密，充分展示高大植株的全貌。

植物配置：

色彩

花境边缘的几丛蓝紫色的飞燕草起到了柔化色彩的作用。

以鲜艳闪亮的红、黄两色构成花境的主色调。
火红的东方罂粟与亮黄的黄蓍草占据了大部分空间，给人带来强烈的视觉感受。

橙色的六出花、粉色的毛地黄和羽扇豆点缀其间，在红与黄的对比中起过渡的作用。

各色系花卉之间通过株形高差形成错落，通过同色色块形成呼应，如蓝紫色的飞燕草和翠菊、红色的东方罂粟和珊瑚钟、黄色的黄蓍草等。

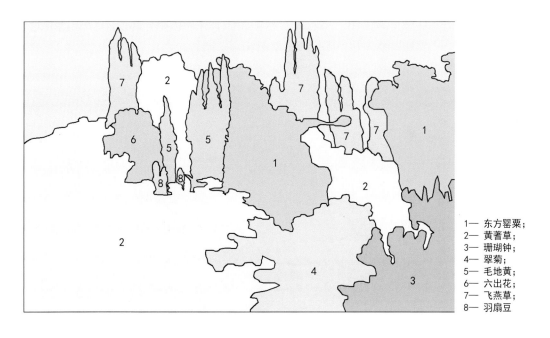

1— 东方罂粟；
2— 黄蓍草；
3— 珊瑚钟；
4— 翠菊；
5— 毛地黄；
6— 六出花；
7— 飞燕草；
8— 羽扇豆

立面

运用大量细叶多花的种类，通过不同株高和株形的巧妙搭配，表现出草本植物蓬勃向上的无限生机。以直立性较强的草本，勾勒出竖向线条，其中，最高的飞燕草位于花境的边缘，靠近外侧围墙，中心位置高大的毛地黄与之呼应，而体量较大的东方罂粟则与团块状丛生的黄蓍草相互呼应，丰满平面空间；各种类高低错落，展现了花境丰富的立面景观效果。

秘密花园

孙筱祥 题 丁酉

　　位于杭州湾海上花田景区的最南端，占地面积0.32hm²。定位于筛选盐碱地条件下的花园植物并营造其复合景观，一般游人鲜及此地，故名"秘密花园"。

　　以中西糅合的园林风格，结合规则式与自然式的布局，以入口拱门为起点、列式花境为轴线、蓝色精灵小屋为焦点，两侧自然式分布各类主题园，形成列式花境、野花坡、招蝶园、草境园、滨海园、引鸟园、旱生园、岩石园、林下花园等9个功能分区。2017年建成时，风景园林大师孙筱祥先生欣然题写了园名。

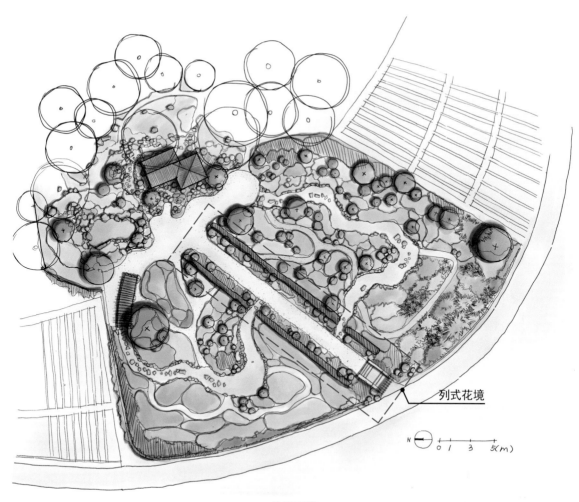

列式花境

N

0 1 3 5(m)

总平面图

景观效果：

列式花境作为花园的中轴线，长约30m，两侧宽度各2m，形成直线感强烈的混合花境。采用下沉式布局，以草坪为路，选择耐盐碱性强的束花山茶为绿篱背景，运用大量多年生的花灌木、球宿根花卉，以少量一二年生花卉点缀，四季开花不绝、有景可赏，创造了色彩与季相丰富的长效型花境植物景观。

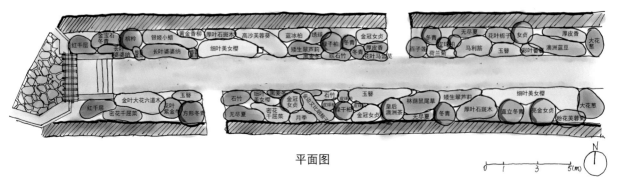

平面图

0 1   3   5(m)

N

植物配置：

以绿色为基底，蓝紫色、白色系花卉为主色调，点缀黄色、粉色等明亮色彩，在纵向序列上形成色彩漂移的效果。两列植物的色彩配置清新雅致、调和自然，游人漫步其中，目不暇接、趣味盎然。

以造型的常绿灌木如绿干柏（棒棒糖）、金冠柏（龙游形）、蓝冰柏、直立冬青、完美冬青（方柱形），结合自然型的槟栟、红千层、高砂芙蓉葵等花灌木作为骨架植物，并确立稳定的竖向景观。在花境中下层，选择'无尽夏'绣球、'金宝石'冬青、'埃比'金边胡颓子等观花或色叶灌木作为骨架植物。

局部立面图

以蓝紫色系、白色系植物作为花境的主调，林荫鼠尾草、密花千屈菜、穗花婆婆纳、澳洲蓝豆、大花葱、矮生翠芦莉、蓝雪花、紫球荷兰菊、'岩间钻石'龙胆等蓝紫色宿根花卉的花期自春至秋，延绵不断；开白花的细叶美女樱品种、弗吉尼亚鼠刺，在春季尤为亮丽，并与蓝紫色相调和。

色彩对比强的黄花马利筋、金叶大花六道木与'金冠'女贞等小片点缀，而丛植粉色系植物如粉花玉芙蓉、欧石竹、美女樱、花叶马齿苋等，成为各色间的自然过渡。黄白叶的花叶玉簪、粉白叶的芙蓉菊、清丽可人的熊猫堇菜，常常令人驻足。

参考文献

［1］中国大百科全书总编辑委员会. 中国大百科全书——建筑·园林·城市规划[M]. 北京：中国大百科全书出版社，1988.

［2］北京林业大学园林系花卉教研组. 花卉学[M]. 北京：中国林业出版社，1990.

［3］王伯恭，李钦. 中国百科大辞典[M]. 北京：中国大百科全书出版社，2002.

［4］Taylor P. The Gardens of Britain: A Touring Guide to Over 100 of the Best Gardens[M]. London: Mitchell Beazley, 1998.

［5］DiSabato-Aust T. The Well-Designed Mixed Garden[M]. Portland: Timber Press, Inc. 2003.

［6］Pamela J. Harper. Designing with Perennials[M]. New York: Sterling Publishing Co.,Inc. 1991.

［7］David S. MacKenzie. Perennial Ground Covers[M]. Hong Kong: Timer Press, Inc. 2002.

［8］英国皇家园艺学会. 多年生园林花卉[M]. 印丽萍，肖良，译. 北京：中国农业出版社，2003.

［9］麦克·哈格. 设计结合自然[M]. 芮经纬，译. 北京：中国建筑工业出版社，1992.

［10］董长根，原雅玲. 多年生草本花卉[M]. 西安：陕西科学技术出版社，2013.

［11］夏宜平. 园林花境景观设计[M]. 北京：化学工业出版社，2009.

［12］顾颖振，夏宜平. 园林花境的历史沿革分析与应用研究借鉴[J]. 中国园林，2006，22(9): 45-49.

［13］夏宜平，顾颖振，丁一. 杭州园林花境应用与配置调查[J]. 中国园林，2007，23(1): 89-94.

［14］夏宜平，苏扬，李白云. 次第花开香如故——英国草本花境的自然式可持续景观[J]. 中国花卉园艺，2016，(13): 30-32.

中文名索引

拉丁名索引